人 间 小 虫

虱子、蚊子与萤火虫

王宏超 著

中 华 书 局

图书在版编目(CIP)数据

人间小虫:虱子、蚊子与萤火虫/王宏超著. —北京:中华书局,2023.8
ISBN 978-7-101-16248-6

Ⅰ.人… Ⅱ.王… Ⅲ.昆虫-普及读物 Ⅳ.Q96-49

中国国家版本馆 CIP 数据核字(2023)第 106888 号

书 名	人间小虫:虱子、蚊子与萤火虫
著 者	王宏超
责任编辑	黄飞立
封面设计	周 玉
责任印制	管 斌
出版发行	中华书局
	(北京市丰台区太平桥西里 38 号 100073)
	http://www.zhbc.com.cn
	E-mail:zhbc@zhbc.com.cn
印 刷	天津图文方嘉印刷有限公司
版 次	2023 年 8 月第 1 版
	2023 年 8 月第 1 次印刷
规 格	开本/880×1230 毫米 1/32
	印张 8¼ 插页 2 字数 130 千字
印 数	1-6000 册
国际书号	ISBN 978-7-101-16248-6
定 价	59.00 元

目　录

小　引

人间小虫，至小至微，似乎是生灵万物中不足为道的存在，李时珍就说"虫乃生物之微者"(《本草纲目》)。但是，且不说从生态平衡角度来说的必要性，只就生活和文化的视角看，微虫与人类的爱恨情仇，是历史和现实中每个人都有着深切体验的，微虫也足可为人类宏大的历史增添些许五彩斑斓的佐料。微虫虽微，但也是大自然所创生，于此亦可见造化之神奇，正如明代叶子奇在《草木子》中所言：

> 世间小虫，如一丝半粟之细，以至目不可辨，而手足头目，动静食息，无不皆具。此可以见天命之流行，无一之或遗，无微之不入。

微虫体形虽小，但数量惊人。据科学家的说法，地球上已知的昆虫有一百多万种，占已知生物物种（包括菌类、动植物类）的一半以上，而昆虫界生存的未知物种至少是已知物种的一到五倍([日]丸山宗利《了不起的昆虫》)，堪称地球上最为庞大的家族。微虫之种类甚多，汉语繁体"蟲"字即用三虫会其意。《周礼·考工记》细分小虫种类有外骨、内骨、却行、仄行、连行、纡行等，亦以胠鸣、注鸣、旁鸣、翼鸣、股鸣、胸鸣等分类。李时珍在《本草纲目》中说虫类：

> 其物虽微，不可与麟、凤、龟、龙为伍；然有羽、毛、鳞、介、倮之形，胎、卵、风、湿、化生之异，蠢动含灵，各具性气。录其功，明其毒，故圣人辨之。……则圣人之于微琐，罔不致慎。学者可不究夫物理而察其良毒乎？于是集小虫之有功、有害者为"虫部"，凡一百零六种，分为三类：曰卵生，曰化生，曰湿生。

在诸多昆虫之中，本书选取虱子、蚊子与萤火虫来作探究，并非因为它们在生物学种属上有什么关联，而是因为它们与人类的生活、文化、宗教、审美的关系密切，实是"人间小虫"之代表。就像美国人戴维·麦克尼尔在《昆虫传》中所言："对人类来说，虫子几乎和空气一样重要。"（黄琪译文）

日本古典俳句三大家之一的小林一茶共留下两万多首俳句，其中以小动物、昆虫、植物等为主题的作品最多，因此他也被认为是"古今俳句诗人中咏虫最多者"。小林一茶的作品所涉及的昆虫主要有：蝶（299句）、萤（246句）、蚊（169句）、蟋蟀（113句）、蚤（106句）、蝇（101句）、蝉（94句）、虫（83句）、蜻蜓（59句）、蜗牛（59句）等。（《这世界如

日本江户时代浮世绘画家喜多川歌麿《画本虫撰》之"松虫与萤"
美国纽约大都会艺术博物馆 藏

露水般短暂：小林一茶俳句300》，陈黎、张芬龄"译者序"）这些昆
虫，都是生活中较常见的类型，从中也可以看出，虱蚤、蚊
子、萤火虫是人间小虫的主角。

虱蚤与蚊子，同属人类最为痛恨的仇敌，以其身躯之
小，引来苦恼之大，举世怕是找不到其他的例子了，以致有
人会质疑造化之主为何竟会创造出这类尽是害处而一无所用

的生物。清代的阮葵生在《茶余客话》中引述王又朴的话，径直斥责它们就是大自然中的"废气"："火之废气为蝇，水之废气为蚊，土之废气为蚤，木之废气为壁虱，金之废气为人身之虮虱。"

当然，虱蚊亦有其文化上的意义，王猛扪虱而成佳话，吴猛挡蚊而为孝子。文人们以小虫讽喻世事人情，如常把虱蚤、蚊子与贪官作比对，贪官上任，侵吞剥扣、浮收短报，吸尽民脂民膏而后已，这与虱蚤、蚊子吸噬人血何其相似。他们的下场似也殊途同归，或银铛入狱，或遭拍亡命。（吴令鑫《贪官和蚊子》，《省商》1932 年第 8 期）文学中的动物讽喻故事，较之写实更显得入木三分，痛快淋漓。

然而世间万物，共生共存，即便"废气"如虱蚤蚊虫者，也有其存在的意义和价值。古人已经看到虱蚤与人的依存关系："蚤虱至微也，天地生之以食人；人至灵也，天地生之以食万物。"就是说，虱子虽微小，但天地创造它就是让它来啮咬人类的；而上天创造至灵的人类，也赋予他们食取万物的资格。不过，"人能食物，又能理物，故可与天地参焉"。（[明]叶子奇《草木子》）人在"食物"之上，又能"理物"，所以还是要高于诸类生物的。这正如《旧约·创世记》中上帝所言："凡地上的走兽和空中的飞鸟，

《蚊子歌》附图

《芝兰画报》1946年第1期

都必惊恐，惧怕你们；连地上一切的昆虫并海里一切的鱼，
都交付你们的手。凡活着的动物，都可以作你们的食物，
这一切我都赐给你们，如同菜蔬一样。"所以说无论如何，
人类与虱蚤蚊虫之类的微虫都是不可分割的。其实，人在
世间，蝇营狗苟，纷纷扰扰，又何尝不类乎虱蚤，汉代王
充《论衡》说："人在天地之间，犹虮虱之着人身也。"这是
何其洞彻的领悟之言！

在昆虫家族中，夏虫尤多。四季各有其性格和情感，春季安暖，夏季喧腾，秋季清静，冬季冷寂。夏季的热闹奔放，多半是由夏虫造成的。但夏虫作为一个如此大的群体，历来都没有一个好名声。在中国，夏虫之出名，多半是因为《庄子·秋水》中的一句话："井蛙不可以语于海者，拘于虚也；夏虫不可以语于冰者，笃于时也。"后来语及夏虫，都会沿用此说。但这并不是什么好话，后来的引述者讽刺的发挥也越来越过分。晋代孙绰《游天台山赋》就说："哂夏虫之疑冰，整轻翮而思矫。"李善解释说："言浅近小智，同乎夏虫，今既哂之，故整翮思矫也。"张铣更是说："夏虫不知冬有寒冰，亦犹小智不识高道，故笑之。"夏虫不知寒冬有冰，就等于"小智"，这实在是无知如人类者才有的自负与狂妄。如果把人类放置在更为久远的历史当中，人岂不也是"朝菌不知晦朔"（《庄子·逍遥游》）么？这根本就是五十步笑百步而已。葛洪就代表了客观冷静的态度："谛而念之，亦无以笑彼夏虫朝菌也。"（《抱朴子·勤求》）

夏日的诸多昆虫，有可爱者，有可恨者，若以人的情感为标准，萤火虫与蚊子可说是爱恨两极之代表。在夏日，人的生活饱受蚊子的困扰，也留下了无数的牢骚。人类自远古时代就穷尽所能驱除蚊虫，但就目前的战况来看，这仍旧是一场还要继续下去的恒久之战，远没有看到胜利的曙光。历史上关于蚊子有很多故事和传说，如齐桓公喂蚊、恣蚊饱血、露筋女守节等，其中包含着丰富的文化内涵和道德意味。蚊子也能启发人类的哲思。《庄子》说"天下莫大于秋毫之末，而太山为小"，若是打破固有的立场和视角，所谓大小、贵贱、高下之别，一切都是虚妄。有人由此引申说，天下也"莫大于蚊子，而人为小；且蚊与人，人与蚊，亦异名同实者"，更是生发出"道在蚊子"的感悟。(柳簃《道在蚊子》，《新闻报》1929年9月10日)

萤火虫是少数能发自然光的昆虫之一，在照明条件有限的古代，或真的有着一些实用的价值，车胤囊萤的故事就成了历代学子寒窗苦读的象征。萤火虫更有着独特的审美意趣。暗夜中摇曳的微光，交融了现实与想象、视觉与听觉，静寂凄冷的光芒超越了黑暗与时间，摇动着诗人们的心神与灵性。南朝梁简文帝萧纲的《咏萤》诗云："本将秋草并，今与夕风轻。腾空类星陨，拂树若花生。屏疑神火照，帘似夜珠明。逢君拾光彩，不吝此身倾。"秋草化生，入夜飘盈，篱落之前，茅屋之侧，莹莹数点，倏往倏来，飞止无时，起伏不定，拂树生花，绚若烛火，实在是迷人的诗境。而在现代都市之中，萤火虫却逐渐消失在霓虹的闪耀中，成为一种即将消逝的乡野记忆，转化为都市人一种新的乡愁。

微虫虽属自然之物，却须臾不离人间。人间小虫，于人类自有精神、文化与审美的价值，人类观察微虫世界，也是反观自身的一种途径，就像亚里士多德所言：

> 整个生物世界向我们表达着自然的美妙，每一生物也各向我们表达着某些自然的美妙。在自然的最高级的诸创作中绝没有丝毫的胡乱，殊途而同归，一切都引向一个目的，而自然的创生与组合的目的就是形式的美。
>
> 如果有人藐视动物界的其他品类为卑不足道而不加研究，他也必不会认真考察人类的事情。
>
> *（《动物四篇·动物之构造》，吴寿彭译文）*

微虫的事情，关联着人类的事情；微虫的历史，也伴随着人类的历史。

一

虱蚤与搔痒

虱蚤之为物，令人生厌，但自古至今，它们与人时刻相伴随，引发的痛苦和无奈也难以尽述。周作人说："虱子在中国文化历史上的位置也并不低。"(《虱子——草木虫鱼之二》)。的确，从中国文化史的宗教、政治、生活、医学等视角出发，都能看到虱蚤不可或缺的身影。就人类大历史来看，说虱蚤曾改变过历史进程，也是毫不为过的。"天道存微物"([明]韩洽《雪里红》诗)，不可等闲视之。

虱子的进化

虱子是一种寄生虫，繁殖能力和传播能力都很强。虱子的起源早于人类，科学家发现，至少在6 500万年前，虱子就已经存在了。有科学家还推测，恐龙的脾气之所以很暴躁，主要就是因为常年被虱子折磨和骚扰。古代史料中，奔马受虱蚤蚊虫骚扰而受惊的例子也有很多。人类自诞生后的整个历史都遭受着虱子的困扰，所以一直以来脾气也好不到哪里去。

虱子是与人类关系最为密切的生物之一。民国时期报纸上有一则笑话，说是先生讲完了进化论的课，问学生，最接近人的动物是什么。学生回答说：虱子。(《笑话日历》,《社会日报》1945年8月17日) 确乎如此，还真想不出比虱子与人更亲近的动物了，恐怕那位学生在回答时手里就攥着几只虱子。虱子可以说伴随了整个人类的漫长历史，而人类摆脱虱子也只是近数十年的事。

有学者认为虱子来自石炭纪蟑螂的前身，虱子最初并非像如今这样是寄生动物，而是能独立生存的。但在进化过程中，虱子聪明地在人的身体上找到了生存的理想国：温暖、舒适、衣食无忧，没有争夺食物的对手，也没有来自其他动物的攻击。于是，"它牺牲了自由，从此不再为食宿问题而奔波"([美]汉斯·辛瑟尔《老鼠、虱子和历史：一部全新的人类命运史》,谢桥、康睿超译文)。虱子的这一进化过程很漫长，它们思考了很久：

> 虱子也并非总是需要依靠宿主才能生存的生物。它们曾经是一种热爱自由的生物，当其他昆虫向它们打招呼时，它们能够用复眼望着对方，对之报以微笑。这是比《独立宣言》的颁布还要遥远许久的事儿了，因为虱子花了好几个世纪才放弃它的个人主义。

> (《老鼠、虱子和历史》)

以出卖自由来换取安逸的生活、财富和权势，至今也是其他一些高等动物进化或退化的逻辑。阮籍的《大人先生传》对虱蚤之处境有一段传诵千古的话：

> 且汝独不见夫虱之处于裈之中？逃乎深缝，匿乎坏絮，自以为吉宅也。行不敢离缝际，动不敢出裈裆，自以为得绳墨也。饥则啮人，自以为无穷食也。然炎丘火流，焦邑灭都，群虱死于裈中而不能出。汝君子之处区内，亦何异夫虱之处裈中乎？

以虱子喻人之处境。虱子钻入裤裆，逃进衣缝，藏在败絮，自以为是理想家园，但它却依赖并受制于这个处所，走动时都不敢到裤隙裤裆的边际，并以此为生存准则，即便烧死在裤子里也不愿逃出。你们这些处在人世间的君子们，与这些虱子又有何区别呢？

虱子寄宿在人类身体上，较之人类对它们的厌恶，却展现出了对主子极高的忠诚。虱子研究领域的权威学者尤因曾以为虱子可以随意更换宿主，但著名医学家汉斯·辛瑟尔经过实验却发现："一只虱子更换了宿主之后，可能会导致其消化困难，甚至足以致命。"（《老鼠、虱子和历史》）可能就跟吃惯了地沟油的肠胃，对于健康食物也会消化不良一样。虱子的忠诚是以性命为担保的。

虱子的忠诚不只体现在"安土重迁"的观念上面，它竟至于还会根据宿主的肤色来改变自己的颜色，按照民族主义者们的说法，称它们为"虱奸"也毫不过分：

> 虱子会根据宿主的颜色调整自己的颜色以求适应，所以非洲的虱子是黑色的，印度的虱子是烟熏色的，日本的虱子是黄棕色的，而北美印第安人身上的虱子是深棕色的，因纽特人身上的虱子是浅棕色的，而欧洲人身上的虱子则是脏灰色的。（《老鼠、虱子和历史》）

虱子虽然与人类相伴已久，但在很长时期内人类对其却不甚了了。关于虱子所由生，苏东坡和秦少游还进行过一场赌局。苏东坡与秦少游夜宴，东坡顺手扪得一头虱子，大概是经常在身上搓污垢的经验给了他启发，就对少游说，这虱子是垢腻所生。但少游不认可此说，认为虱子应该是棉絮所成。或许是少游身上新衣里的棉絮很多的缘故吧。两人各执己见，辩论很久难决胜负，于是相约明日一起请教佛印大师，请其裁断，负者设席受罚。等酒散后，少游并没有回家，而是直接去找佛印，告知原委，说明日大师您若认定虱由棉絮所生，我就做个"馎饦会"，大概就是请大师吃一顿上好的汤面。少游前脚走，东坡后脚至，也嘱托了大师一番，许诺若是大师说虱子乃垢腻所生，就做"冷淘"，就是请吃一顿凉面。第二天三人会面，裁决此事。这时难题扔给了佛印，但大师毕竟是大师，他说："此易晓耳，乃垢腻为身，绵（棉）絮为脚，先吃冷淘，后吃馎饦。"最后是"二公大笑，具宴为乐"。（[明]谢肇淛《五杂组》）出人意料地来了个大团圆结局。

若是谢肇淛参与酒席，可能会提出第三种答案——虱蚤都是气化而成，无种而生的：

> 天地间气化形化，各居其半。人物六畜，胎卵而生者，形化者也。其它蚤虱、蟫蠹、科斗、蚜蚄之属，皆无种而生。既生之后，抱形而繁，即殄灭罄尽，无何复出。盖阴阳氤氲之气主于生育，故一经薰蒸酝酿，自能成形，盖即阴阳为之父母也。（《五杂组》）

东坡和少游之间，本是科学的赌局，被人情的面子和禅意的折中所化解，这个或许是杜撰的笑话恰好说明了中国人对自然充满着世情和诗意的态度，也能在某种程度上解释为何中国没有发展出现代的科学及博物学的知识系统。

人类对虱蚤第一次的科学观察是西方科学史上的一件

大事。这次观察归功于英国著名科学家罗伯特·胡克。胡克是科学史上的大人物，但其声名不彰多半是因为牛顿盖过了他的风头。据说牛顿发现万有引力定律就是受到了胡克的影响，这一发现成就了光芒四射的牛顿，也留下了落寞的胡克。牛顿有一句被广为引用的名言（尽管不是他的原创）："如果我看得更远，是因为我站在巨人肩膀上。"这话就出自牛顿写给胡克的信，有人认为这句话颇有讽刺意味，因为胡克

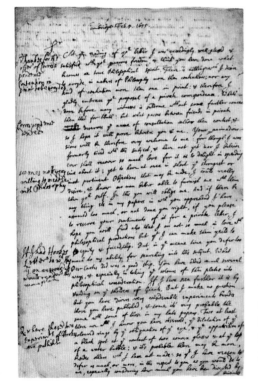

牛顿写给胡克的信

标出部分即那句"名言"：If I have seen further, it is by standing on the shoulders of giants.（如果我看得更远，是因为我站在巨人肩膀上。）

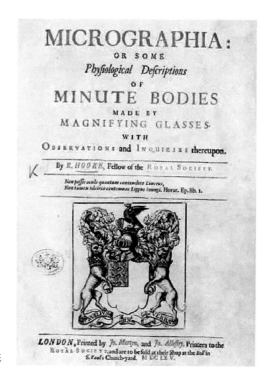

《显微图谱》书影

就是那些巨人之一。

　　胡克的研究中还有一个成就受到后人的称颂，那就是利用显微镜第一次向世人展示了自然界微小之物的模样。胡克在这方面最有代表性的著作是1665年发表的《显微图谱》（*Micrographia*）。此书是他利用显微镜观测并绘制的各种微物图片合集，书中有六张折页图案，最大的一张呈现的就是一只跳蚤。这张图片在当时引起了极大的轰动，因为人们第

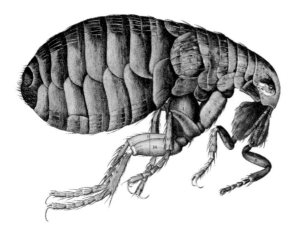

罗伯特·胡克利用显微镜所绘制的跳蚤

这张图片公布后，引起神学领域的争论，人们开始思考，如此小的微生物是否经过了上帝的精心设计。

一次看清楚了困扰人类数千年的这种小东西的真容。

描绘出这张图并不容易。胡克面临的难题之一，就是如何让这只跳蚤安安静静地躺在显微镜镜头下摆拍。如果把跳蚤弄死，就会破坏其身体的完整性。胡克果然聪明，他用自己喝剩的白兰地醉倒了跳蚤——"我给了它一些白兰地或酒精，一段时间后它甚至会烂醉如泥。"（[英]奥利弗·特尔《秘密图书馆：一部另类文明史》，柳建树译文）

较早有机会通过胡克的方法看到虱蚤的中国人，是晚清奉使出洋的满汉官员。自称为"中土西来第一人"（《天外归帆草》）的首批官派官员斌椿，于1866年率领同文馆学生随外籍总税务司赫德去欧洲游历，在国外时他曾用显微镜观察

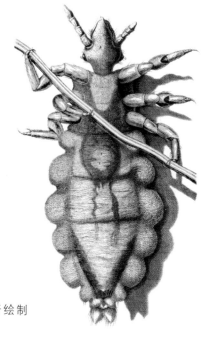

罗伯特·胡克利用显微镜所绘制
的虱子和人的头发

过水滴中的微生物和虱蚤等微小之物：

> 有滴水于玻璃，用显微镜照影壁上，见蝎虫千百，
> 游走其中，滴醋亦然。蚤虱大于车轮，毫发粗于巨蟒。
> 奇观也：野马窗前飞，醢鸡瓮中舞。照壁见蝎行，乡心
> 动一缕。君看一粒粟，世界现须弥。有国称蛮触，庄生
> 岂我欺。（《海国胜游草》）

《庄子》所言的蛮触之争，于此可见了。1878年，李鸿

章保荐李凤苞任德国公使，李凤苞出使德国期间，曾在柏林
参观过一家"显微镜水族院"，特色便是通过显微镜观察细
小之物，他所见的就有猪肉虫、疥虫、蜻翼、蚊睛、蚁足
等，令人耳目一新。水族院在推广新知的同时也兼牟利，李
凤苞当时就看穿了："取名水族院，实则为售显微镜之所。"
（《使德日记》）只不过不知道他是否购买了这种先进的神器。

显微镜下，虱蚤成了微物之代表。其实在历史上，每
当谈及细微之物，虱子也常是首选的喻体。围绕虱子，常
展开大小之辩的话题。《史记·项羽本纪》中宋义对项羽
说："夫搏牛之虻不可以破虮虱。"宋义将围赵的章邯喻作
虻虫，把秦国看作虮虱。若去拍打虻虫，并不能除掉虮虱，
所以颜师古解释此话说："以手击牛之背，可以杀其上虻，
而不能破其内虱，喻方欲灭秦，不可与章邯即战也。"虽说
"虻大在外，虱小在内"（韦昭语），但这里虮虱却是大志之
所在。

古代形容射箭技艺精湛有"穿杨贯虱"之说："穿杨贯
虱，精之至也。"（［明］谢肇淛《五杂组》）贯虱的典故来自
《列子·汤问》中纪昌学射的传说。话说神箭手纪昌最初向
飞卫拜师学射，老师飞卫并没有直接教他射技，而是告诉
他先要练习不眨眼睛的本领。于是纪昌开始在家练习，坚

持练了两年，到最后就连锥子刺在眼皮上，他也不眨一眼。飞卫接着让他学会看东西，要求必须"视小如大，视微如著"才行。纪昌所找的微小之物就是虮子。他用牦牛尾上的毛系住一只虮子挂在窗上，面向南方远望之，"旬日之间，浸大也；三年之后，如车轮焉。以睹余物，皆丘山也"。纪昌用上好的弓箭射击虮子，"贯虮之心，而悬不绝"，即穿过了虮子的心，牵系虮子的牛毛却没有断。练就这样的功夫，确实令人惊叹。但也有现代人表示可惜，纪昌看虮子的"目的只是射箭，要是用之研究生物细菌，洋

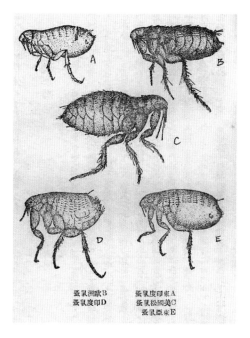

陈如惠《跳蚤和鼠疫》
《少年科学杂志》1937
年 第3卷第19期

鬼子今日的成绩，我们在二千年前就包办了"（毕雨秋《谈虱子》，《朔风》1939 年第 10 期）。

虱蚤也常用来比喻人之卑微渺小。晋怀公子围把孔子介绍给宋国太宰，太宰见过孔子后对子围说，我见过孔子之后，看你就如同虱蚤那般渺小了，我要将他介绍给宋君。子围一听麻烦了，怕孔子受宠于国君，忙对太宰说，要是你引荐孔子给国君，国君就也会把你视为虱蚤。太宰一听也有道理，就不再推荐孔子。（《韩非子·说林上》）

古人常从虱蚤之中讲道理，从一粒沙看世界，从一滴水观大海，微物总能给人以启示。亚里士多德说："自然界的每一角落都必有某些可惊奇的内蕴。"（《动物四篇·动物之构造》，吴寿彭译文）虱蚤类微物，确实能成为人类反观自我的一种途径。

虱子与跳蚤

王力先生说，虱子可分三类：白虱、壁虱和跳蚤（猫虱）。后来他又解释说："跳蚤不是虱类，我受方言的影响，把蚤和虱混为一谈了。"（《龙虫并雕斋琐语》）看来文人谈起生物学的分类，是十分混乱的。本书也不例外，也常会虱蚤混谈。

虱子与跳蚤是不同的物种，外形、习性、寿命，尤其是移动方式，都不相同。虱子个头小，行动灵活，神出鬼没，令人防不胜防。南宋诗人刘克庄的诗曰："劣知针栗大，出没似通灵。不但能膏吻，元来善隐形。"跳蚤更是厉害："稍出床敷上，忽逃衣缝中。《说文》真有理，字汝曰跳虫。"（《梅月为蚤虱所苦各赋二绝》）来去善于隐形，出没如同神灵，写得真是活灵活现。

博闻多识如林语堂，也会混淆虱蚤，他以为"古之所谓虱，似多是跳蚤"，"或者虱就可包括臭虫"（《中国究有臭虫否》），但又分辨说"凡生人身上者为跳蚤，生床上者始为虱为臭虫"（《蚤虱辩》）。前文发出后，即引来博物君子的指点，为此林语堂专门作《蚤虱辩》，坦陈自己知识的不足。

张爱玲在《天才梦》一文中有句透彻得让人近乎绝望的名言："生命是一袭华美的袍，爬满了蚤子。"文章发表后，有位"水晶先生"提醒她，这里的"蚤子"应为"虱子"，张爱玲后来专门作了一些解释：

> 《张看》最后一篇末句"虱子"误作"蚤子"，承水晶先生来信指出，非常感谢，等这本书以后如果再版再改正。这篇是多年前的旧稿，收入集子时重看一遍，看

到这里也有点疑惑，心里想是不是鼓上蚤时迁。

（《对现代中文的一点小意见》）

只是不知"水晶先生"的依据何在，袍子里为何就不能是跳蚤呢？张爱玲的这句话似乎也不必改。钱锺书先生的短篇小说《纪念》中，恬淡干净的曼倩去电影院看了一次电影，回来后发现，竟然有跳蚤，抑或是虱子，趁机爬到了她身上：

> 她闲得熬不住了，上过一次电影院……她回来跟才叔说笑了一会，然而从电影院带归的跳虱，咬得她一夜不能好睡。曼倩吓得从此不敢看戏。

钱锺书先生这里用的是"跳虱"，算是一种准确的含糊。在俗人眼里，虱子跳蚤差不多就是一家，跳蚤尽管善于跳，但若喝饱了血，怕是就没了跳的雄心和动力，开始享受起饱餐后闲散的时光来。这时的跳蚤不就和虱子一般了么？

虱蚤都嗜好喝血，英国诗人威廉·布莱克画过一幅《跳蚤的幽灵》，塑造了一个世界美术史上都堪称独特的跳蚤形象——"有一双渴望水分的炽热的眼睛，有一副堪比谋杀犯的面容，它爪子般的手中抓着一个血淋淋的杯子，似乎正渴望一饮而尽。"（[英]凯瑟琳·雷恩《威廉·布莱克评传》，张兴文、刘纹羽译文）所以虱蚤常被讽喻为佞臣贼子。民国报刊上有一

威廉·布莱克《一个跳蚤幽灵的头像》
（约1819）

威廉·布莱克《跳蚤的幽灵》
（约1819—1920）

则寓言故事《一个大跳蚤》，国王身边最为倚重的权臣就是一只大跳蚤，害人无数，最终被义士所刺。（钱达之《一个大跳蚤》，《小学生》1931年第7期）俗套的故事反映的恰是文化底层的集体心理。

虱子和跳蚤虽有不同，但是在制造人体瘙痒这一点上，却是联手共存的伙伴。《格林童话》中有一篇寓言《虱子与跳蚤》，开头讲道：

> 一个虱子和一个跳蚤，住在一起，在一个鹅蛋壳里酿啤酒。虱子掉下去烫死了。跳蚤大声叫喊起来。房子的那扇小门说："跳蚤，你为什么叫喊呢？""因为虱子烫死了。"（魏以新译文）

"虱子烫死了，跳蚤在哭闹。"这可能是常年做战友结下的深厚情谊。

跳蚤比虱子块头要大，也更强健，所以也能做一些虱子做不成的事。晚清出使英国的公使郭嵩焘，曾应邀在英国观看过一次驯跳蚤的表演：

> 又有一小院，用蚤驾车、推磨、放炮、车水，及装两人对立，以蚤为首，而系两铅刀其足，两相击刺。云其蚤亦须教练数月乃能习，夜则捉置臂端，食饱乃收入匣中，置温水瓶于其旁使就暖，亦一奇也。
>
> （《伦敦与巴黎日记》）

去马戏团里看跳蚤表演，这真是闻所未闻的奇事。随行的翻译张德彝那天也同去参观，记录更为详细：

> 又一小屋内演蚤戏。系一人养蚤四枚，入者一什

令，乃令其拽车推磨，车、磨与真无异，大比绿豆。据云养已四年，每晚令伏于手指，吸血一小时。其手有血痕肿处。虽属精能，亦良苦矣。(《随使英俄记》)

其实这样的演出在当时的欧洲颇为普遍。安徒生童话《跳蚤和教授》中，就提到跳蚤表演，或就是现实的反映。童话里说道，一位落魄的气球驾驶员，自称教授，"他在那些地方自称为教授——他不能有比教授更低的头衔"。他靠表演魔法过活，但一直穷困潦倒。原来因倾慕而嫁给他的妻子后来也弃他而去，留给他唯一的纪念物——一只大跳蚤。教授"非常爱它。他训练它，教给它魔术，教它举枪敬礼，放炮——不过是一尊很小的炮"。(叶君健译文) 靠着跳蚤的本领，教授赚了不少钱，也算生活安稳了。

18世纪法国的圣殿大道，乃是欧洲大众娱乐的总部，上演着五光十色的节目，尤其是马戏、杂技、魔术、异国情调事物展示等，其中也包括一些有趣的动物表演。有许多在当时小有名气的动物明星，比如"决斗的跳蚤""翻筋斗的小鸟""走绳索的老鼠"。杜莎夫人蜡像馆的创始人杜莎夫人就很喜欢跳蚤表演，所以在蜡像馆的节目单中，特别设置了跳蚤杂技作为蜡像馆的特色展品。

　　然而杜莎夫人蜡像馆中的跳蚤表演不及当时的竞争对手——跳蚤马戏台受欢迎。当时最吸引人的跳蚤节目是"跳蚤邮车"，这一节目"准确地再现了英国的高傲派头"，"在时髦且快速行进的邮车上，一只跳蚤充当马车夫，雄赳赳、气昂昂地挥舞着鞭子，另一只跳蚤则扮演警卫，正吹奏出嘹亮的喇叭声"。这种迎合观众猎奇癖好的表演，让观者无不叹服，时人欣然赋诗道：

　　　　你们躲在毛毯里活蹦乱跳，

　　　　嗜血成性，总是东啃西咬……

　　　　如今通过表演带来了乐趣，

　　　　看来你们也并非一无是处。

　　（［英］凯特·贝里奇《蜡像传奇：杜莎夫人和她的时代》，刘火雄、唐明星译文）

　　此表演后来也引入中国，民国时期的上海、香港等地，就多次表演过跳蚤戏。上海新世界游乐场有中西游艺大会，其中的跳蚤戏曾轰动一时。据观者所述，有跳蚤拉炮车、踢球、跳舞、跑圈、钻铁环等项目，大抵与郭嵩焘、张德彝所见的节目类似。观众们也留下了很多记录。比如用细铜丝把跳蚤系在一小铜炮前段，驱之蹒跚前行，跳蚤姿态如临大

江湖艺人贝托罗托推出的"跳蚤邮车"表演海报

敌，活灵活现。跳蚤踢球表演：先让跳蚤抱持一小球，以铜丝牵动令之举起，一声令下，跳蚤能用力将小球踢出。还有跳蚤跳舞："取跳蚤十余头，置于一小琴匣上，每一跳蚤，均背顶纸舞衣一件，当琴韵曼妙之际，遂翩翩作羽衣之舞，前行后退，一若灯红酒绿之大华饭店也。"（吉孚《记跳蚤戏》，《上海画报》1929第503期）这些表演让中国观众叹为观止，观者从训练跳蚤的事情上也开始佩服西方人对各种事物研究的精细工夫。

跳蚤戏这种事也只有胆壮力强的跳蚤才能做，"行不敢

《海外奇谈：跳蚤之戏法》附图

《舆论时事报图画》1910年第8卷第19期

戏把的子车拉做蚤跳

李毓镛《跳蚤的有趣生活》

《儿童世界》1937年第39卷第2期

味爨《跳蚤玩把戏》附图

《少年》1922 年第 12 卷第 2 期

离缝际，动不敢出裈裆"的虱子恐怕是万万不敢的。

虱蚤难辨，扪虱得蚤，其实是常有的事，梅尧臣在诗中就感叹："兹日颇所惬，扪虱反得蚤。去恶虽未殊，快意乃为好。"（《扪虱得蚤》）对于受害者来说，虱蚤难辨，其实也不必辨，无论虱蚤，抓住直接处决即可。

扪虱得蚤，快意都是一样的酣畅淋漓。

虱蚤满身的古人

卫生和清洁其实是一种现代观念，古代社会中并非所有人都把身体的洁净作为追求。基督教提倡禁欲，任何追求肉体安逸和舒适的行为，都被看作是堕落的行为。教会反对洗澡，因为"身体和衣物的洁净……意味着灵魂的不洁"，"一切使身体更有吸引力的东西，都会导人于罪恶"。长久不洗澡，浑身肯定满是虱蚤，但在基督教的观念中，虱蚤并非不洁，"虱子被称为上帝的珍珠，虱子满身乃是圣洁之人一个不可少的标志"。（［英］罗素《幸福婚姻与性》，陈小白译文）

生虱子不分贵贱等级，生活条件有限的普通人自不必说，他们大多不常更换衣服，无条件或极少洗澡，身上的虱子自然是满坑满谷，到处都是。《笑林广记》中有一则笑话说："有善生虱者，自言一年止生十二个虱。诘其故，曰：我身上的虱，真真一月（谐"捏"）一个。"不但是这些爱卖弄的穷措大们，就是达官显贵、太太小姐们，也都是虱子遍身的。美国人类学家路威在《文明与野蛮》中提到了18世纪法国贵族的太太们刻意装扮头饰，"头上的纱、花、鸟羽堆成一座宝塔，坐车非常不便"，更为恼人的是，"重重扑粉厚厚衬垫的金字塔终于生满虱子，非常不舒服"。（吕叔湘译文）王后和贵妇人们爱好美丽的习惯，为虱子家族的繁荣创造了有利的环境。在清代李宝嘉的《官场现形记》中，申守尧与老妈产生争执时，"太太正在楼上捉虱子，所以没有下来"。捉虱子的关键时候，是什么大事都不能惊扰的。

王安石是历史上著名的邋遢鬼。"王荆公性简率，不事修饰奉养，衣服垢污，饮食粗恶，一无所择，自少时则然。"（〔宋〕朱弁《曲洧旧闻》）他不但对于衣着、卫生不甚讲究，就连吃什么东西也毫不在意。有一次夫人听别人说王安石喜欢吃獐脯，就很疑惑，说他平时对饮食毫不在意，不加选择，为何会突然喜好獐肉呢？于是问手下人，何以得知他喜欢吃。下属回答说，每次吃饭他不顾他物，专吃面前獐脯这道菜。夫人说你下次换别的菜放在他面前试试。果然，王安石就专吃面前的食物。看来王安石的邋遢出乎专注的天性。

"衣垢不浣，面垢不洗"的后果之一，便是有一天，身上的虱子竟沿着领子爬到他胡子上去了：

> 王介甫、王禹玉同侍朝，见虱自介甫襦领直缘其须，上顾之而笑，介甫不自知也。朝退，介甫问上笑之故，禹玉指以告，介甫命从者去之。禹玉曰："未可轻去，愿颂一言。"介甫曰："何如？"禹玉曰："屡游相须，曾经御览，未可杀也，或曰放焉。"众大笑。
>
> （[清] 褚人获《坚瓠集》）

陈子展《王安石和虱子》
《小学生》1933 年第 63 期

　　一头虱子能让圣上欢笑，搅动了朝廷里死寂沉闷的气氛，实属难得，自然是不能杀掉的，恐怕还要送到皇家动物园去供养。虱游相须的壮举太过伟大，以致此后简直就成了中国古代文学中一个特出的母题，常被文人们拿来渲染。刘克庄在诗中就说："觜利锋铓毒，形微胆智粗。延缘司谏领，游戏相君须。"（《梅月为蚤虱所苦各赋二绝》）形微胆粗，确乎励志。较之游戏相须，延缘衣领对虱子来说简直不在话下。"衣领从教虱子缘，夜深拜得席儿穿。"（［宋］邹浩《嘲龚彦和》）对虱子来说，衣领就像旅行景点中的网红打卡处一样，游客们每至此地都会去露个脸。

　　胡须中藏虱子，看来是常见的事，罗马皇帝尤利安也在胡子上发现了虱子，他也没有将其捉去，还把"胡子里自由自在的虱子比作林中野兽"（［美］博里亚·萨克斯《神话动物园：神话、传说与文学中的动物》，多雅楠等译文），颇感得意。当然，也有人对虱子荣登相须之举动十分不满，徐枋的《讨虮虱檄》就说："僭登宰相之须，何异妖狐之升御座。"虱登相须，狐升御座，他骂的是德不配位。

　　留发留须确实容易滋生虱蚤，所以不做官的人也不必留须太甚。民国时杭州丰乐桥悦来阁茶肆中提供剃头服务。某日某甲喝茶之余，欲理发，剃头匠顺便问："须养否？"甲误疑为"痒"字，直告之曰："不痒。"留须为养须，"不养"意即剃掉，于是剃头匠将其胡须悉数削去，不留一丝。众人见之哄堂大笑，某甲也无可奈何。（《点石斋画报·养而不痒》）

生在皇帝、宰相胡须上的虱子，便是有了好出身，不但自由自在，估计子孙还能代代相承，继享荣光。但若是不幸上了穷措大的胡子，就怕是毫无自豪感可言了。吴趼人的《二十年目睹之怪现状》中，肮脏邋遢的符最灵一离身，身边的人就开始忙活起来：

> 应畅怀连忙叫用人来，把符最灵坐过的椅垫子拿出去收拾过，细看有虱子没有；他坐过的椅子，也叫拿出去洗。又叫把他吃过茶的茶碗也拿去了，不要了，最好摔了他，你们舍不得，便把他拿到旁处去，不要放在家里。伯述见他那种举动，不觉棱住了，问是何故。畅怀道："你们两位都是近视眼，看他不见；可知他身上的虱子，一齐都爬到衣服外头来了，身上的还不算，他那一把白胡子上，就爬了七八个，你说腻人不腻人！"伯述哈哈一笑，对我道："我是大近视，看不见，你怎么也看不见起来？"我道："我的近视也不浅了。这东西，倒是眼不见算干净的好。"正说话时，外面用人嚷起来，说是在椅垫子上找出了两个虱子。畅怀道："是不是。倘

使我也近视了，这两个虱子不定往谁身上跑呢。"

虱游相须，还有其他妙用。中世纪瑞典的兴登堡就流行着一种选举市长的习俗："候选人围坐在桌子旁，头低着，把胡子放在桌子上。一只虱子被放在桌子中间，接下来就很关键了，虱子钻进谁的胡子里，谁就是下一任市长。"（[美] 汉斯·辛瑟尔《老鼠、虱子和历史：一部全新的人类命运史》，谢桥、康睿超译文）这对最令政治家头疼的选举程序来说，真是一个伟大的发明。

不止遍身污秽的王安石生虱子，就连卫生状况最好的皇帝，生虱子也是常有的事。《西游记》第七十一回中，孙悟空所扮的假春娇为偷回紫金铃，就给妖王赛太岁身上撒了虱蚤：

> 假春娇闻得此言，即拔下毫毛一把，嚼得粉碎，轻轻挨近妖王，将那毫毛放在他身上，吹了三口仙气，暗暗的叫"变！"那些毫毛即变做三样恶物，乃虱子、虼蚤、臭虫，攻入妖王身内，挨着皮肤乱咬。那妖王燥痒难禁，伸手入怀，揣摸揉痒，用指头捏出几个虱子来，拿近灯前观看。娘娘见了，含忖道："大王，想是衬衣襟了，久不曾浆洗，故生此物耳。"妖王惭愧道："我从来

不生此物，可可的今宵出丑。"娘娘笑道："大王何为出丑？常言道，'皇帝身上也有三个御虱哩'，且脱下衣服来，等我替你捉捉。"妖王真个解带脱衣。假春娇在旁，着意观看。那妖王身上衣服，层层皆有虮蚤跳，件件皆排大臭虫；子母虱密密浓浓，就如蝼蚁出窝中。不觉的揭到第三层见肉之处，那金铃上，纷纷堎堎的，也不胜其数。假春娇道："大王，拿铃子来，等我也与你捉捉虱子。"

除虱子"其大要在扫洒沐浴而已"（［明］谢肇淛《五杂组》），所以《西游记》中金圣宫娘娘看到赛太岁身上孙悟空所变出的虱子才会说："大王，想是衬衣襟了，久不曾浆洗，故生此物耳。"虽说"皇帝身上也有三个御虱"，但因皇帝的佣人多，衣服被褥能勤洗勤换，至少虱子会少一些。人一旦讲点卫生，虱子就感到害怕，所以《淮南子·说林训》才说："汤沐具而虮虱相吊，大厦成而燕雀相贺，忧乐别也。"

宋徽宗赵佶被金国掳去，囚于五国城，写信给旧臣说："朕身上生虫，形如琵琶。"（［明］彭大翼《山堂肆考》）大概宋徽宗的手下勤快，以至于他竟然没有见过此物；境遇衰落，马上虱蚤上身。见惯了歌舞繁华的皇帝，直把虱子作琵琶，也算是令人心酸的一幕。

然而，有些人据说善于生虱，哪怕十分讲究，身上的虱子较之别人也更多："人有善生虱者，虽日鲜衣名香，终不绝。"（《五杂组》）李时珍在《本草纲目》中说："人物皆有虱，但形各不同。始由气化，而后乃遗卵出虮也。"虱子形态各有不同，因人而异，也因人而有多寡，这恐怕也是虱子进化程度高的表现吧。

征战中的兵将容易生虱，介胄生虮虱常用来形容君主英武进取，"戎马不解鞍，铠甲不离旁"（曹操《却东西门行》）。《史记·平津侯主父列传》有言："介胄生虮虱，民无所告诉。"明清之际的徐枋所作的《讨虮虱檄》痛斥虱子说："将军有血战之功，汝依甲胄；穷士贵蠖藏之用，尔处裤裆。"宋代刘斧《青琐高议》提到后唐庄宗李存勖积极进取，最终夺得天下：

> 庄宗英武善用兵，隔河对垒，二十年马不解鞍，人不脱甲，介胄生虮虱，大小数十百战，方有天下。得之艰难，可知之也。

征战沙场多年的朱德总司令也说过："如果身上没有虱子，还配谈什么革命呢？"（聂绀弩《延安的虱子》，《文艺》1938年第1卷第2期）但介胄生虮虱的长年战乱，对百姓和士兵来说怕就不是什么好事了，曹操《蒿里行》就写道："铠甲生虮虱，万姓以死亡。"唐代诗人王珪的《咏汉高祖》诗中也有"虮虱生介胄，将卒多苦辛"的句子。

除了人，所有拥有血液的动物，虱子都不会放过。狗虱、猫虱自是常见，就连猪身上也有。《韩非子·说林下》讲到三只虱子在一头猪身上争夺"肥饶之地"，从而争讼不已。路经的一只虱子提醒它们，腊祭之日马上到来，等那时候，猪就要被杀掉，你们也可能被烧死，都快世界末日了，还在这里吵架，不幼稚么？三只虱子恍然大悟，"相与聚嘬其身而食之"，赶紧闷头吸血，猪也由此暴瘦，到了腊祭时日，主人嫌猪太瘦也就没有杀它。这个故事后来常被人用来发挥搁置争议、顾全大局的大道理，那位平息纷争的虱子似乎也是如今世界所稀缺的物种。

据说是苏东坡所作的《物类相感志》一书还提到鱼身上会生虱子："鱼瘦而生白点者名虱。"无独有偶，亚里士多德在《动物志》中也记载了鱼身上有虱和别名为"跳蚤"的生物。柏里尼的《自然统志》（*Historia Naturalia*）还提到一种"海蚤"："海中无奇不有，如旅店中所见的白蚤以及人们身上的发虱，海里也常有，渔夫收钓时往往见其成团地附于鱼饵；据说这些蚤虱在海里烦扰鱼类的睡眠。"（亚里士多德《动物志》，吴寿彭译文）《物类相感志》给出了驱除鱼虱的妙方：

"用枫树皮投水中，则愈。金鱼生虱者，用新砖入粪桶中浸一日，取出令干，投水中。"不知他们所言是否为同类。

动物身上有虱蚤，不像人可以捉去，只能受困于此。不过动物在进化中也养成了生存的智慧，发明了独特的除虱方法。亚里士多德《动物志》就提到锦鸡能通过沙浴，即在沙土中"洗澡"，来驱除虱蚤。沙浴似乎是许多动物的习惯，吉尔伯特·怀特在《塞耳彭自然史》里还提到了公鸡、母鸡、山鹑、野鸡等"沙浴者"（pulveratrices）。

虱蚤满身，对现代人来说是肮脏邋遢的表现，但对修行高人，体现的却是不拘俗常的境界。南朝名士卞彬，十年不换衣服，身上虱蚤丛生，他似乎在用这样反常的行为，来体现其"摒弃形骸"的思想：

> 余居贫，布衣十年不制。一袍之缊，有生所托，资其寒暑，无与易之。为人多病，起居甚疏，萦寝败絮，不能自释。兼摄性懒惰，懒事皮肤，澡刷不谨，浣沐失时，四体氄氄，加以臭秽，故苇席蓬缨之间，蚤虱猥流。淫痒渭濩，无时恕肉，探揣撢撮，日不替手。虱有谚言，朝生暮孙。若吾之虱者，无汤沐之虑，绝相吊之忧，宴聚乎久襟烂布之裳，服无改换，摇啮不能加，脱

略缓懒，复不勤于捕讨，孙孙息息，三十五岁焉。

（《南齐书·卞彬传》）

卞彬说自己不洗澡，虽然瘙痒难忍，但对于身上的蚤虱来说，"无汤沐之虑，绝相吊之忧"，大可放心共存，真是魏晋名士的洒脱风度。唐代贞元中，有一位僧人客居广陵，自号"大师"："大师质甚陋，好饮酒食肉；日衣弊裘，虽盛暑不脱，由是蚤虮聚其上。"（［唐］张读《宣室志》）虮虱成了大师修行境界的象征。

虱子在人体间的穿梭叮咬，造成了间接的肌肤之亲，所以有时也会成为情诗的素材。写出《丧钟为谁而鸣》的约翰·多恩有一首名诗就叫《跳蚤》：

> 光看这跳蚤，看看它体内，
> 你拒绝给我的东西微乎其微；
> 它先咬了我，现在又咬你，
> 在这跳蚤里，我俩的血液混一；
> 你知道，这并不能够叫做
> 一桩罪过，或耻辱，或丧失贞节，
> 可是这家伙不求爱就享用，
> 腹中饱胀两种血混成的一种，
> 这，哎呀，比我们要弄的分量重。

住手，且饶过这跳蚤里三条命，

在其中我们近乎，更胜过结婚：

这跳蚤既是你和我，又同样

也是我们的婚床，和婚庆殿堂；

父母怨，你不从，我们仍相会，

隐居在这活的墨玉般四壁之内。（傅浩译文）

视跳蚤为爱情的"婚床"，真是大胆出奇的想象。以跳蚤为题材的爱情诗或情色诗在16世纪风行一时，不得肌肤之亲的爱慕者或恋人，嫉妒虱蚤竟能触咬到爱人的肉体。在多恩的诗歌中，叮咬自己的跳蚤，也叮咬了自己的心爱之人，两人的血液竟在跳蚤身上得以结合，在诗人眼中，它成了"我们的婚床，和婚庆殿堂"，这对现代人来说有些不可思议。时代之差异有时使人们确实难以对遥远的作品产生无差别的共情。

鲁迅曾翻译过法国诗人纪尧姆·亚波里耐尔（今一般译为阿波利奈尔）的一首小诗《跳蚤》：

跳蚤，朋友，爱人，

无论谁，凡爱我们者是残酷的！

我们的血都给他们吸去。

阿呀，被爱者是遭殃的。

其中也是把跳蚤与朋友、爱人并称，"以跳蚤的咬噬类比爱情的折磨，形象地再现了深情的代价，道尽了爱的苦痛，非亲历者不能深味其中滋味"（孙红卫《夏虫小记：布莱克、阿波利奈尔与鲁迅的跳蚤》，《中华读书报》2020 年 7 月 1 日）。

更为出格的例子是径直爱上跳蚤。安徒生童话《跳蚤和教授》中，教授带着跳蚤游历野人国，这个国家的统治者是位六岁的小公主，她见到跳蚤后就迷上了：

> 跳蚤刚举枪敬了礼，放了炮，她就被跳蚤迷住了，她说："除了它以外，我什么人也不要！"她热烈地爱上了它。（叶君健译文）

后来教授想出计谋，制造出一个热气球，才带着跳蚤逃走了。

以虱蚤蚊虫入诗文，在中国古代文学史上甚为常见，或为其鸣不平，如清代董文友《虱表》；或发布讨伐檄文，以示痛恨厌恶，如唐代李商隐《虱赋》、陆龟蒙《后虱赋》、元末杨维桢《骂虱赋》、明代顾大韶《又后虱赋》、明清之际徐枋《讨虮虱檄》，清代尤侗《讨蚤檄》、魏象枢《捉虱行》等，托物言志，以微词托意。

野人国的小公主在查看教授手上的跳蚤

文人以此类游戏文章，展示才情，类乎鲁迅先生所谓的"人话"："虽是意在给人科学知识的书籍或文章，为要讲得有趣，也往往太说些'人话'。"（鲁迅《伪自由书·"人话"》）鲁迅先生在意的是科学知识以"人话"的形式表述，但如果偏离实际，也会造成某些"冤枉"的误解。但这些充满"人话"的文字，就阅读体验来说，却是趣味盎然的。文人往往借助这些小家珍说，发挥未竟之才情。被顺治誉为"真才子"、康熙誉为"老名士"的清代文学家尤侗，曾作《讨蚤檄》，顺治看后赞叹说"此奇文也"，但晚清民国时期的蔡云万却认为此文"实为平庸无甚意味之作"。蔡氏曾作《讨蚊檄》，发表于《申报·自由谈》，发牢骚说，自己作文所得不过稿酬数元，但尤侗"当日因此文而文名大噪，旋且攫取博学鸿词"，实有生不逢时之叹。

李商隐的《虱赋》还引起一场才情竞赛。其文道：

> 亦气而孕，亦卵而成。晨鹥露鹤，不如其生。汝职惟啮，而不善啮。回臭而多，跖香而绝。

虱由气孕育而生，由虫卵而成，晨露间的鹥鹤，都不如虱子进化程度之高。虱子本职是咬人，但却不堪其责。颜回简朴卑微，身上臭，虱子多，而盗跖身上香，虱子绝迹。王应麟在《困学记闻》中说："李义山赋怪物，言佞魅、谗飘、贪魅，曲尽小人之情状，魑魅之夏鼎也。"《虱赋》实是"赋怪物"作品之代表。颜回是孔门高足，孔子对他赞誉有加，陋巷简居、安贫乐道的颜回，也是孔子人生理想之寄托；而盗跖"日杀不辜，肝人之肉，暴戾恣睢，聚党数千人，横行天下"（《史记·伯夷列传》）。李商隐此文嘲讽虱子不咬富贵奸盗之人，而专咬贫贱之穷人，所以是"不善啮"。

《虱赋》本是讽刺之作，"讽刺那些专吸穷人的血却不敢碰豪贵的人们"（马积高《赋史》），但陆龟蒙却对李商隐的指责有所不满，"余读玉溪生《虱赋》，有就颜避跖之叹，似未知虱"，所以专门写了一首《后虱赋》，以纠正李商隐的说法：

> 衣缁守白，发华守黑。不为物迁，是有恒德。小人趋时，必变颜色。弃瘠逐腴，乃虱之贼。

陆龟蒙的立论基础是虱子有恒德，附于黑衣之上的白虱仍能守白，附于白发之上的黑虱仍能守黑，不为物迁，不因环境而改变自我，所以虱子保有恒德，这与趋时善变的小人不同。其实，陆龟蒙也"似未知虱"，虱子实际能随宿主和环境的不同而改变颜色，他只不过也是用虱子之"德"来浇自己的块垒罢了。

虱子虽带给人极多困扰，但也并非毫无用处。宋代孔平所撰《孔氏谈苑》说虱不南行，似乎可以用来指引方向："虱不南行，阴类也。其性畏火，置之物上，随其所向以指南方，俄即避之，若有知也。"大概是说虱子是阴类，南方属阳，所以怯于南行。但明代高濂的《遵生八笺》又说虱不北行："人身大虱以一置之台上，将虱头朝北，决不北行，惟走三方，虽百次亦不北向也。此法甚合虱性。"只是不知高濂所谓"虱性"所指为何，看来靠虱子指引方向是不靠谱的。还是听听小林一茶说的：

> 喊，虱子呵，爬罢爬罢，向着春天的去向。

（周作人《虱子——草木虫鱼之二》引）

古今除虱大全

虱蚤令人厌恶，徐枋《讨蚍虱檄》痛斥蚍虱之可恨："惨人肌肤以为乐，吮人膏血以自肥。腹既果然，贪饕未已；形同混沌，蹒跚可憎。投隙抵纤，无微不入；呼朋引类，实烦有徒。"人类遇见虱子，必欲除之，所以捉虱除虱成了一件浩大且恒久的事业，自人类创生以来，每代人都前赴后继投入其中。但在现代杀虫剂发明之前，除虱方法数千年间也没见得有多大改进。或许古人并没有完全除之而后快的决绝，而是把与虱蚤共存当作生活常态，进而也会将捉虱子行为雅致化，作为美谈。人类对待虱子的基本态度，王力先生曾有一段精妙绝伦的概括：

> 第一种人经不起一个虱子，一觉得痒就进卧房里关起门来，脱了衣裤大捉一阵，务必捉到了才肯甘心。在一般人的眼光中，这种人被认为庸人自扰。第二种人觉得有许多事比捉虱子更要紧，所以虽然觉得痒也不忙捉，等到虱子越来越多，越咬越凶，实在忍不住了，然后捉它一次。第三种人因为满身是虱子，也就变了麻木不仁；本来自己就很龌龊，不生虱子倒反不配，所以索性由它去。……我还可以谈一谈第四种人。这就是"恣虱饱腹主义者"。古代的孝子有恣蚊饱腹的，先赤着身子让蚊子吸血吸饱了，以为这样一来，蚊子就不会再去咬他的父亲。同理，这世界上似乎也有一种人并不愿意捉虱。（《龙虫并雕斋琐语》）

态度不同，方法也各异，从中也足见人类的智慧和愚蠢。遇到虱子，最方便的处置方式当然是直接去捉。好在和恐龙相比，人类的双手比较灵活，捉起来也方便。捉虱子，由此也成了人类极为重要的一种技能。既然人人都有虱子，大家就见怪不怪，瘙痒难忍时，当众捉虱子，也不以为奇怪和尴尬。嵇康在《与山巨源绝交书》中有言：

> 人伦有礼，朝廷有法，自惟至熟，有必不堪者七……危坐一时，痹不得摇，性复多虱，把搔无已，而当裹以章服，揖拜上官，三不堪也。

做官不自由，正襟危坐，道貌岸然，捉虱爬背颇为不便。捉虱子也能捉出气质和风度来，《世说新语·雅量》中顾和搏虱的故事就是典型：

> 顾和始为扬州从事，月旦当朝，未入顷，停车州门外。周侯诣丞相，历和车边。和觅虱，夷然不动。周既过，反还，指顾心曰："此中何所有？"顾搏虱如故，徐应曰："此中最是难测地。"周侯既入，语丞相曰："卿州吏中有一令仆才。"

顾和捉虱子，见人来岿然不动，对答从容自然，周颢因此认为他具宰相之才。

当人手不足，或者无能为力时，便会请人帮闲捉虱。在《围城》中，方鸿渐一行人在奔赴三闾大学途中，投宿一家"欧亚大旅社"。除了名字耸动之外，这家旅馆最引人注目的便是那位肥腻腻的女掌柜：

> 胖女人一手拍怀里睡熟的孩子，一手替那女孩子搔痒。她手上生的五根香肠，灵敏得很，在头发里抓一下就捉到个虱，掐死了，叫孩子摊开手掌受着，陈尸累累。女孩子把另一手指着死虱，口里乱数："一，二，五，八，十……"孙小姐看见了告诉辛楣鸿渐，大家都觉得身上痒起来，便回卧室睡觉。

旅馆的干净舒适，那是现代人的印象，古代旅馆条件简陋，大概只算是个歇脚充饥的地方。因为人员流动频繁，旅馆也成了虱蚤的重要流转之地。只是夜间捉虱颇有些难度，唐代齐处冲"好眇目视"，就是喜欢眯着眼看东西，被戏称为"暗烛底觅虱老母"。（［唐］张鹫《朝野佥载》）看来胖掌柜的眼神不错。母亲为孩子捉跳蚤，也是现实与文学中都常见的情景。小林一茶看着妻子边哺乳边为孩子捉跳蚤，还心疼地查看跳蚤叮咬的痕迹："她一边哺乳，一边细数，她孩子身上的蚤痕。"（《这世界如露水般短暂》，陈黎、张芬龄译文）

法国历史学家勒华拉杜里所描述的蒙塔尤村，"在灿烂的阳光下，在相邻或相对的矮屋平顶上，人们边抓虱子边聊天"。有些显贵人家，甚至会找"技艺高超的""抓虱子的老

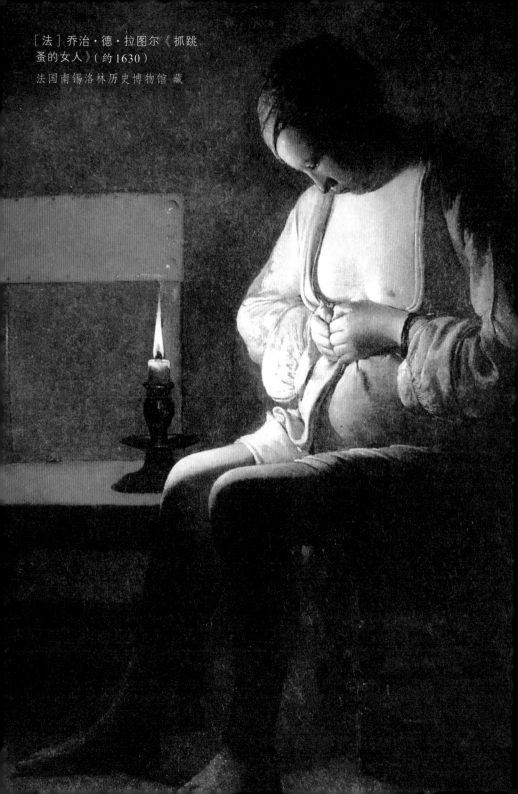

［法］乔治·德·拉图尔《抓跳
蚤的女人》（约1630）

法国南锡洛林历史博物馆 藏

手"来为自己抓虱子，书中就专门强调："作为村里的显贵，克莱格家人不愁找不到巧手女人为他们除去身上的这些活物。"（《蒙塔尤》，许明龙、马胜利译文）

既然俊男美女身上虱子成群，谈情说爱时便容易想起这个手边的朋友，于是捉虱子就有了特别的意味。西伯利亚北部土著民族中，年轻女子会调皮地向自己喜欢的帅哥身上扔虱子，以引起对方的注意：

> 韦泽尔（Weizl）告诉我们，当他在西伯利亚北部的土著中短暂逗留时，造访过他的小屋的年轻女子会调皮地往他的身上扔虱子。这一行为令他颇为窘迫，仔细询问之后他才尴尬地获悉，这是当地的一种示爱风俗，并非嬉笑打闹之举，类似于"我身上的虱子，即是你身上的虱子"的一种仪式。（[美]汉斯·辛瑟尔《老鼠、虱子和历史：一部全新的人类命运史》，谢桥、康睿超译文）

古人会利用各种植物来除虱，大概是其中含有某种气味或能杀死虱子的有毒物质。传说有种神奇的草，名为虱建草，能除蚑虱。唐代段成式的《酉阳杂俎》记载："有草生山足湿处，叶如百合，对叶独茎，茎微赤，高一二尺，名虱建草，能去蚑虱。"

香草也是辟虱蚤的好东西，比如据说是张骞通西域时带回的芸草。芸草一般被放在书里除虫，常说的"书香"即芸草的香味。芸草也用来驱虱蚤："置书帙中即无蠹，置席下即去蚤虱。"（［宋］邵博《邵氏闻见后录》）有种水竹，亦能去虱。段成式《酉阳杂俎》提到："有水竹，叶如竹，生水中，短小，亦治虱。"使用方法是"人取水竹叶生食"（《政和证类本草》引陈藏器《本草拾遗》）。以青杨做床，据说也可以防跳蚤，《酉阳杂俎》称："青杨木，出峡中，为床，卧之无蚤。"桃叶也可以用来除蚤，"治蚤者，以桃叶煎汤浇之，蚤尽死"（［明］谢肇淛《五杂组》）。

菖蒲也可以除虱蚤，但据说"菖蒲能去蚤虱而来蛉穷"（《五杂组》），去了虱蚤却引来蛉穷。蛉穷是一种能入耳之虫，所以《淮南子·说林训》说这是"除小害而致大贼，欲小快而害大利"。真是得不偿失，还是不用的好。

于是有人考虑直接用药。"一人卖跳蚤药，招牌上写出'卖上好蚤药'。问：'何以用法？'答曰：'捉住虼蚤，以药涂其嘴，即死矣。'"（《笑林广记》）看来古代的跳蚤药并不靠谱。其实，水烫火攻是最直接有效的办法："在剑川见僧舍，凡故衣皆煮于釜中，虽裈袴亦然，虱皆浮于水上。此与生食者少间矣。其治蚤，则置衣茶药焙中，火煴令出，则以熨斗烙杀

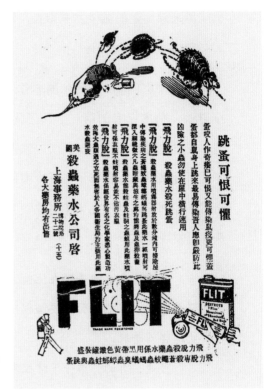

除跳蚤药水广告
《新闻报》1928 年 8 月 8 日

之。"（[宋]庄绰《鸡肋编》）

　　头上的虱子尤其令人瘙痒难忍，对付的办法也不同。有人用水银来除头虱："治头虱者，以水银揉发中。"（《五杂组》）藜芦亦可："头上虱，藜芦为末，糁擦其发中，经宿，虱皆干死自落。"（[明]张岱《夜航船》）。有人说粉也有用："去头上虱，轻粉少许，糁头上一二日，自死。"（《夜航船》）虱建草

也能用来除头上的虱子："采取汁，沐头，尽死。"（《政和证类本草》引陈藏器《本草拾遗》）

法国作家儒勒·列那尔的名作《胡萝卜须》，主角是位小男孩，勒皮克家的第三个孩子，生下来时头发就是赭红色，皮肤上也有不少雀斑，所以家人就叫他胡萝卜须。这孩子既可爱又可怜，在家里备受冷漠和欺负。有次他跟哥哥从寄宿学校回家，勒皮克先生对他嘲笑捉弄之后，不小心在他头发里发现了虱子：

> 勒皮克先生把手按在他乱蓬蓬的头发里，手指头弹得哗哗啪啪直响，仿佛要给捏死几个虱子似的。他最喜欢这样闹着玩。
>
> 可是，真的，第一下就捏死一只。
>
> "啊，可真准，"他说，"我这是百发百中。"
>
> 他感到有点恶心，把手在胡萝卜须的头发上揩揩，这时勒皮克太太两臂朝上一扬。

虱子估计是他从寄宿学校带回来的，至少勒皮克太太不愿意承认出产自他们家："我们家这才干净呢！"看到弟弟头上的虱子，哥哥费利克斯也感到自己头上开始痒了，而且一口咬定自己头上的虱子就是弟弟胡萝卜须传过来的。勒皮克太太吩咐女儿赶紧去取面盘，开始帮两个孩子捉虱子："姐姐埃内斯蒂娜拿来一个面盆，一把篦子，一个小碟子里盛着一点醋，于是开始捉了。"捉虱子的过程紧张刺激：

> 每当她叫"又是一个！"的时候，大哥费利克斯就用脚猛蹬盆底，攥起拳头来威胁胡萝卜须。这一位，只是闷声不响，等着轮到给他捉。
>
> "给你捉完了，费利克斯。"埃内斯蒂娜说，"只有七八只；数数吧。等会儿看看胡萝卜须头上有多少。"
>
> 头一篦子，胡萝卜须就比他多。姐姐埃内斯蒂娜以为自己篦到虱子窝了，其实她不过偶然逮住一小堆罢了。
>
> 大家都围住胡萝卜须。埃内斯蒂娜专心篦着。勒皮克先生，双手背在身后，像个好奇的陌生人似的在看着她篦。勒皮克太太只叹气。
>
> "啊！啊！"她说，"这得动铲子和耙了。"
>
> 大哥费利克斯蹲着身子摇晃面盆，专收篦下来的虱子。虱子跟头皮一道落下，还看出它们那像睫毛似的小脚在动呢。它们在面盆里被人摇晃着，很快就都被醋杀死了。（徐知免译文）

当其他办法用尽时，古人也会求助于巫术。其实以巫

家人为胡萝卜须捉虱子
儒勒·列那尔的朋友瓦洛东绘制

术消灾治病、驱除虱蚤蚊虫，是古代很普遍的做法。对付虱
子，有专门的符咒。宋代邵博的《邵氏闻见后录》中提到的
除虱法是："吸北方之气喷笔端，书'钦深渊默漆'五字，置
于床帐之间，即尽除。公资正直，非妄言者。"高濂《遵生
八笺》亦记载了这条咒语，叙说更为详细：

口吸北方气一口，吹于笔尖，写三五寸长黄纸上"钦深渊默漆"五字，置之床席衣领间，可辟虱虫。

动物也能作为除虱蚤的助手，一方面是因为生态食物链的关系，另一方面则是人们对动物神秘性的联想，动物经常是巫师的助手。猫头鹰经常出现在神奇动物之列，据说它夜间出动时，还能顺便捉拾虱蚤："此物夜拾蚤虱而昼不见丘山，阴贼之性，即其形亦自可恶也。"（［明］谢肇淛《五杂组》）此说出自《庄子·秋水》："鸱鸺（即猫头鹰）夜撮蚤，察豪末，昼出瞋目而不见丘山，言殊性也。"

西方人捉虱子的水平较之国人亦不遑多让。法国著名文化史家让·韦尔东在《夜歌：中世纪的夜生活》一书提到了欧洲中世纪的人们消灭虱子跳蚤的种种方法：

> 夏天，贤妻要注意房间里、床上不能有跳蚤。有各种可以除跳蚤的方式。比如：用一个抹了胶和松脂的砧板，中间放上一支燃着的蜡烛；在房间里和床上展开一床摩擦成戗毛的床单——或是羊皮，落在上面的跳蚤动弹不得，便很容易用床单把它弄走。在麦草和床上铺上白毛呢，黑色的跳蚤落在上面后很快便能发现，人们很容易就能把它们杀死。但最难的是去掉

毯子上和皮毛上的跳蚤；例如，要将它关在绑紧的口袋里，没有亮光，没有空气，在狭小的空间里跳蚤就会死去。（刘华译文）

把虱子、跳蚤捂起来闷死，这大概是中世纪流行的做法了。在15世纪一本名为《论巴黎》的书中，提到的第一种消灭虱子的方法就是用被褥、衬衣或外衣把胸口捂住，"令虱子无法呼吸，紧紧挤在一起，一会儿便闷死了"（［法］乔治·维伽雷罗《洗浴的历史》引，许宁舒译文）。伊丽莎白时代的英格兰也流行这种方法："很多人竭尽全力杀死跳蚤，烟熏房间和床上用品，并且将箱子内的每件东西都压得紧紧的，希望把它们闷死。"（［英］伊安·莫蒂默《漫游伊丽莎白时代的英格兰》，成一农译文）此法不独流行于西方，明代张岱所作的《夜航船》中，也提出可以闷杀狗虱："狗虱，用朝脑擦毛内，以大桶或箱内闷盖之，虱即堕落，急令人掐杀之。"

还有人考虑把虱子埋葬。15世纪中期一位穷学生这样记述：

各年龄的学生和一部分下等人身上的虱子实在是不计其数……我经常去奥德河河边洗衬衣，尤其是夏天。然后把衬衣晾在树枝上。趁着它晾干的当儿，我开始

"清理"外衣。在地上挖个洞,往里面抖落一大把虱子,然后用土盖起来,在上面插个十字架。(《洗浴的历史》引)

饿死虱子也是个办法:"汝阴尉李仲舒汉臣,山阳人,生平戒杀。云释教令置虱于绵(棉)絮筒中,久亦饥死。"([宋]庄绰《鸡肋编》)李仲舒怀着仁慈之心,提醒别把虱子饿死了。就算饿不死,饿得皮包骨,也是难看的,有人就把贪婪的差人称为"饿皮虱":"元末吴人呼秀才为米虫,近呼执丧事者为桑虫,以丧桑同音也。交易居间者为白蚂蚁,差人为饿皮虱，仓夫为仓老鼠，惯预外事者为酱里虫，讨闲者为蛀虫。"（［清］褚人获《坚瓠集》）十分形象。

跳蚤的消瘦，在慈悲之人那里，却能生出悲悯与愧疚，就像小林一茶写的："寒舍的跳蚤/消瘦得这么快——我之过也。"在消瘦的跳蚤和蚊子那里，他看到的是悲苦的众生："混居一处——瘦蚊，瘦蚤，瘦小孩……"（《这世界如露水般短暂》，陈黎、张芬龄译文）

南朝时济阳考城的江泌，性行仁义，对虱子也是怀有怜悯之心：

> 江泌衣敝虱多，绵裹置壁上，恐虱饥死，乃复置衣中。数日间，终身无复虱。（［明］顾起元《客座赘语》）

江泌还有一个讲究："菜不食心，谓其有'生意'。"冯梦龙在《古今谭概·迂腐部》中笑话他说："五谷都有生意，何以独食？为一虱大费周折，又可笑！"

吓退虱子也是个不错的办法。斯大林的头发乌黑浓密，但据说里面盘踞着不少虱子。斯大林可以驱逐许多反对派，但却驱逐不了这群虱子，用尽各种办法都无济于事，于是叫来名作家拉第克商议对策。拉第克答道："这个问题很简单，只要将一个虱子'集体化'起来，其他的虱子一怕自然都跑

［清］金农《王秀帖》（局部）

了。"（《斯太林和虱子的笑话》，《创导》1937年第1卷第1期）

　　尽管捉虱子是十分自然和正常的，但有教养的人还是被教养不能当众捉虱子，以此来显示自己的教养。在17世纪中期的法国："有人会非常仔细地教育公主，习惯性地抓挠虱子咬过的地方是非常恶劣的举止；当众从脖子上捉住虱子、跳蚤或是其他的寄生虫，然后将它们杀死，是非常不礼貌的

举止，除非身边都是最亲近的人。"（［美］汉斯·辛瑟尔《老鼠、虱子和历史：一部全新的人类命运史》，谢桥、康睿超译文）

捉虱子不只是个人的事，有时也有着政治的意义。阿兹特克国王蒙特祖马会"专门雇人从他的子民身上捉虱子，然后把这些虱子晒死，作为财宝珍藏"（《老鼠、虱子和历史》）。而其他的国王大概只知道从子民身上"捉"租子了。对于穷人来说，这些带着自己血和汗的虱子，大概就是他们能拿得出来的最珍贵的东西，所以有人也拿虱子来进贡：

> 墨西哥人有向统治者进贡的传统，贫困潦倒的人如果没有什么东西可以进贡的话，就会每日清理身体，将捉到的虱子保存起来，当虱子多到可以装满一小袋的时候，他们就会把装满虱子的袋子放在国王的脚下。
>
> （《老鼠、虱子和历史》）

人类看似进入了文明时代，数千年来第一次摆脱了虱子带来的困恼，但实则不然："无论现代文明的生活看上去如何的安全和有序，细菌、原生动物、病毒，被感染的跳蚤、虱子、蜱虫、蚊子以及臭虫等，总是潜伏在阴影之下。只要人类由于粗心大意、贫穷、饥饿或是战争而放松了警惕，它们就会发起进攻。即便是在平常的日子里，它们也会掠食体弱

苏联时代宣传画

画中士兵们正在洗澡、洗衣服，来消灭虱子（约1921）。列宁曾说：
"要么社会主义打败虱子，要么虱子打败社会主义。"

多病、年幼以及年迈的人。它们就生活在我们身边，隐匿在无形之中，等待着掠食的机会。"（《老鼠、虱子和历史》）所以，人类捉虱子的历史大概还会继续下去。

捉虱子要用到一些工具，比如捉头上的虱子经常会用到梳子、篦子等。据说孔子和弟子们行路中遇见一位妇人，孔子见妇人头上戴着一个象牙栉，就问哪位学生能借到此物。颜回自告奋勇，上前对妇人说："吾有徘徊之山，百草生其上，有枝而无叶。万兽集其里，有饮而无食。故从夫人借罗网而捕之。"妇人即取下象牙栉递给了颜回，颜回感到诧异，问妇人何以能听懂他的话，妇人回答说：

> 徘徊之山者，是君头也；百草生其上，有枝而无叶者，是君发也；万兽集其里者，是君虱也；借网捕之者，是吾栉也。以故取栉与君，何怪之有？
>
> （《雕玉集·聪慧篇》）

此处的栉即是梳子、篦子等梳理头发的工具，说明古人头上的虱子很多，梳篦就是用来除去虱子的工具。颜回装文雅，曲里拐弯地描述所借之物，妇人立马就懂，孔子也赞叹："妇人之智尚尔，况于学士者乎！"

人类捉虱的事是讲不完的。段成式《酉阳杂俎》提到他

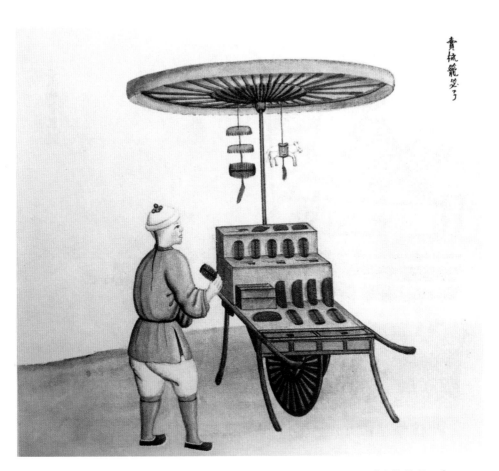

《卖梳笼篦子》
晚清一位佚名法国画家在华所绘市井人物画

曾编过一本《破虱录》:"成式曾一夕堂中会,时妓女玉壶忌
鱼炙,见之色动。因访诸妓所恶者,有蓬山忌鼠,金子忌虱
尤甚。坐客乃竞征虱拿鼠事,多至百余条,予戏摭其事,作

叶末行《找虱子》(木刻)

《华文大阪每日》1940年
第5卷第12期

《破虱录》。"一帮文人，以妓女所忌怕之事为戏谑，所说有
关虱鼠故事竟有百余条，段成式更因此辑录成一部书，真是
任何时刻都不忘的掉书袋积习。惜乎《破虱录》今已不存，
否则真可为古代文人之邪趣添上一些素材。

魏晋时期的王猛，年少好学，胸有大志，但不拘细节，
有朋友来拜访，披着衣服与朋友见面，"扪虱而言，旁若无
人"(《晋书·王猛传》)。之后，"扪虱而谈"逐渐成了一个雅
致的词汇。

周作人在《中国新文学的源流》中提到清代诗人徐宝善的"试帖"诗《壶园试帖·王猛扪虱》:"建业蜂屯扰,成都蚁战酣。中原披褐顾,余子处裈毵。汤沐奚烦具,爬搔尽许探。搜将虮蚤细,劖向齿牙甘。"周作人说:"这首诗,因为题目好玩,作者有才能,所以能将王猛的精神,王猛的身分,和那时代的一般情形,都写在里面,而且风趣也很好。"魏晋名士之风度,通过扪虱而谈一个细节就能完全展现出来,鲁迅在其名篇《魏晋风度及文章与药及酒之关系》中就说:"扪虱而谈,当时竟传为美谈。"

周作人还提到:"晋朝的王猛的名誉,一半固然在于他的经济的事业,他的捉虱子这一件事恐怕至少也要居其一半。"(《虱子——草木虫鱼之二》)人留下的名声常会出乎预期,一生经营的事业,后人不会提及半句,但某个偶然的行为却可能成为青史留名的标签。王猛如此,汉代的边韶也是如此,因为白天教书间隙偶尔小憩,所以留下了"边韶昼寝"的话柄,一直被嘲讽,甚至入了《声律启蒙》这样的童蒙读物:"边韶常被昼眠嘲。"

古人的生活世界中捉虱子乃平常之事,但文人渐渐将其演化为区隔文化身份的雅致行为,用于彰显自身旷达洒脱的个性。历代诗文中使用的例子很多。李白的诗中有"披云睹

青天，扪虱话良图"（《赠韦秘书子春》）之句，苏轼《和王斿》
诗中写道："闻道骑鲸游汗漫，忆尝扪虱话悲辛。"白日无聊，
边晒太阳边捉虱子，也是快意之事："负暄不可献，扪虱坐清
昼。"（黄庭坚《次韵师厚病间》）

有时捉虱子后睡个午觉，也算是一种享受。"白昼扪虱
眠，清风满高树。"（[元] 揭傒斯《题牧羊图》）现代也有人使
用这一典故，实际上已不再捉虱子，但取其寓意罢了。周恩
来的一首诗中就写道："扪虱倾谈惊四座，持螯下酒话当年。"
（《送蓬仙兄返里有感》）也有人以"扪虱"作为书名，取其闲
适、不拘之意，如宋代陈善有《扪虱新话》，今人栾保群有
《扪虱谈鬼录》等。

因为有闲，扪虱似乎成了读书人的标签，大概人们印
象中文人都经常无所事事吧。北宋曹元宠《题村学堂图》中
有诗云："此老方扪虱，众雏争附火。想当训诲间，都都平
丈我。"看来塾师得空就扪虱，完全不顾学生的围观。诗中
"都都平丈我"殊不可解，原来是这位老师错认"郁郁乎文
哉"为"都都平丈我"。（[清] 褚人获《坚瓠集》）看来这位先
生把时间都用到了扪虱上，学问也差得惊人。

扪虱主题的演进史，真是化腐朽为神奇的佳例。

吃虱子

处置虱蚤另一个果断的办法就是直接吃掉。

在热播电视剧《甄嬛传》中，失宠的芳贵人捉到一个虱子，随即放在嘴里吃掉，令刚好看到这一场面的甄嬛异常震惊，作呕不已，也让现代观众恶心难受。其实在古代，吃虱子算是平常之事，至少不会让人这般不适。文明的观念是在不断演进的，在现代的"文明"眼光看来不洁、肮脏和落后的事，在古代或许再正常不过。

曹植《贪恶鸟论》说："得螬者莫不驯而放之，为利人也。得蚤者莫不糜之齿牙，为害身也。"应侯谓秦王曰："得宛，临流阳夏，断河内，临东阳邯郸，犹口中虱。"王莽校尉韩威说："以新室之威，而吞胡虏，无异口中蚤虱。"（［宋］周密撰《齐东野语》）看来投虱口中、"糜之齿牙"是常有的事。

后来大概还是观念有了变化，达官贵胄至少不再公开嚼虱了。曾任五代十国时期南唐宰相的孙晟，早年参与秦王李从荣叛乱，兵败被逐，逃亡至正阳，打算渡过淮河入吴国，此刻追兵已至近前，"晟不顾，坐淮岸，扪敝衣啮虱，追者舍去"。（［宋］佚名《江南余载》）关于孙晟啮虱脱逃之事，《十国春秋》的记述更为详细：

> 晟逃至正阳，未及渡，逻骑奄至，疑其状伟异，
> 睨之。晟不顾，坐淮岸，扪敝衣啮虱，逻者乃舍去。
> 渡淮。

扪虱被视为文人雅事，而啮虱是雅士们所不愿尝试的，一般是下等粗鄙之人才会有的恶俗行为。"扪敝衣啮虱"，临乱不惧，颇有些诸葛亮摆空城计的从容，但诸葛亮的场面大，需要精心准备，孙晟则随机应变，似乎更胜一筹。

宋代周密在《齐东野语》中记载了一则"嚼虱"的资料，还是他的亲身经历："余负日茅檐，分渔樵半席。时见山翁野媪，扪身得虱则致之口中，若将甘心焉，意甚恶之。"宋代庄绰所撰的《鸡肋编》中记载了严州城（今属浙江）茶肆中的妇人鲜衣靓服，却旁若无人地吃虱子："尝泊舟严州城下，有茶肆妇人少艾，鲜衣靓妆，银钗簪花，其门户金漆雅洁，乃取寝衣铺几上，捕虱投口中，几不辍手，旁与人笑语，不为羞。而视者亦不怪之。"

大明名相徐阶请张磊塘吃饭，吃鲳鱼和蝗鱼，但厨师却忘记放醋，张磊塘就说是仓（鲳）皇（蝗）失措（醋），看到徐阶以齿毙虱，张磊塘说大率（虱）类（累）此（齿）。徐阶

听此言，开颜欢笑。（［清］褚人获《坚瓠集》）

吃虱子最传神的记载，恐怕是鲁迅先生关于阿Q的一段描写了。阿Q和王胡较量捉虱子、吃虱子：

> 阿Q也脱下破夹袄来，翻检了一回，不知道因为新洗呢还是因为粗心，许多工夫，只捉到三四个。他看那王胡，却是一个又一个，两个又三个，只放在嘴里毕毕剥剥的响。
>
> 阿Q最初是失望，后来却不平了：看不上眼的王胡尚且那么多，自己倒反这样少，这是怎样的大失体统的事呵！他很想寻一两个大的，然而竟没有，好容易才捉到一个中的，恨恨的塞在厚嘴唇里，狠命一咬，劈的一声，又不及王胡响。（《阿Q正传》）

就像献媚者多会争相谄谀，竞逐下限，吃虱子者也要彼此分出高下来："清客以齿毙虱有声，妓哂之。顷妓亦得虱，以添香置垆中而爆。客顾曰：'熟了。'妓曰：'愈于生吃。'"（《坚瓠集》）烤熟的虱子或许真是比生的好吃，若非虱子在今日已经难觅踪影，难保守旧的食客们不会发展出几大名菜来。

最惊奇且令人恶心的是竟然有人嗜虱成癖。恶癖之人经常见诸史书，如唐代的鲜于叔明就嗜好吃臭虫，被人讥为

"不近人情"。宁波竺翼云的嗜好虱子，与之不相上下：

> 宁波奉化竺翼云乖僻性成，喜食虱。每当饭后茶余，常购虱千百枚，泡以温汤，略去秽浊，随用热酒冲服。或询之曰："此岂别有风味乎？"则曰："是。能活血，其功较胜洋虫。倘日久不食，即觉心志不安。"盖亦嗜痂一流人也。以人所最难适口之物，而彼竟甘之如饴。然则王景略扪虱而谈时务，又何足为奇哉。
>
> （《点石斋画报·嗜虱成癖》）

在文化交往过程中，代表"高级文明"的一方，往往也会以鄙夷的眼光看待"落后"的文明。如中西文化交往之初，在西方人对中国的观察中，就反复提到中国人喜欢捉虱子、吃虱子。1793 年，英国派遣马戛尔尼使团来华，马戛尔尼在个人日志中写道：

> 他们穿得极其粗糙，洗得不干净，从不用肥皂。他们难得使用手帕，而是任意在室内吐痰，用手指擤鼻涕，拿衣袖或任何身边的东西擦手。这种习惯是普遍的，尤其恶心的是，有天我看见一个鞑靼显贵叫他的仆人在他脖子上捉骚扰他的虱子。（［英］乔治·马戛尔尼、约翰·巴罗《马戛尔尼使团使华观感》，何高济、何毓宁译文）

近代捉虱子的中国人

拍摄者不详

　　跟随马戛尔尼来华的巴罗在其写的《中国行纪》中，对于中国人不讲卫生、捉虱子，甚至吃虱子的现象也有专门的记述：

　　上等阶层贴身穿一种薄粗绸衣，不穿棉衣或亚麻衣，老百姓则穿粗棉布。这些衣服要脱下来洗，比换件新的更难，因此，污秽滋生大量寄生虫。朝廷大臣毫不

迟疑地当众叫他的仆役捉脖子上的讨厌虫子，捉到后他们极从容地用牙齿咬它。(《马戛尔尼使团使华观感》)

西方社会较早经历了卫生的现代化过程，环境和卫生条件都稍好一些，到近现代，身上的虱蚤大为减少，出洋的国人也有此类感受。王力先生就感叹："尽管有人说外国也有臭虫，但是，我在外国住了五年，总共只捉着一个虱子。当然，一个虱子也是虱子，不能说是没有。"(《龙虫并雕斋琐语》)一个已入现代社会的外国人，看到满身虱蚤的中国人，自然会形成双重的距离感：一是经历过卫生现代化的现代人与还处在传统社会的古人之间的距离感，二是作为"先进"文明中的人与处在"落后"文明中的人之间的距离感。虱蚤由此成为肮脏、愚昧、疾病、落后的象征，距离感也附带上了厌恶感和排斥感。正如英国人玛丽·道格拉斯在《洁净与危险》一书中所言："污垢从本质上来讲是混乱的无序状态。世界上并不存在绝对的污垢，它只存在于关注者的眼中。"(黄剑波等译文)其实在古代，中国史籍也曾用遍身虮虱来形容外来之人。如《三国志》记述日本来使："其行来渡海诣中国，恒使一人，不梳头，不去虮虱，衣服垢污，不食肉，不近妇人，如丧人，名之为持衰。"

近现代来华的外国人，对中国的虱蚤蚊子苦不堪言，在他们关于中国的记录中，虱子频频见于字里行间。英国外交官谢立山除了外交家身份外，还是著名探险家，他曾在中国多处任职和游历，《华西三年》一书是他于1882—1884年间在四川、贵州、云南三省考察的记录。他在途中住旅店时有一番感慨：

> 我在旅途中曾住过好几百个中国客栈；关于这些客栈的评价，我曾经在四川的一间客房墙上读到一名中国人写的诗，总体而言，我认为这名中国人对客栈的描述还是过于宽容了。这首诗译成英文是这样的：

> 屋内有老鼠，至少几十只，每只重三斤，或许还不止。夜里臭虫密密麻麻，臭气熏天爬又咬，客官若不信，点灯起来找。

> 这一定是写诗人的教养或是他遭受了其他更痛苦的经历，使得这首精妙的好诗未能完成。我来斗胆狗尾续貂吧：

> 屋里屋外，臭气熏天，
> 直冲鼻孔，防不胜防；
> 屋后，猪儿吱吱乱叫，
> 让人无法入睡，

还有黑压压的小东西，嗡嗡乱闹，

蚊子——请笑纳；

假如这些还不够，

上帝保佑吧，还有跳蚤呢。（韩华译文）

美国社会学家 E. A. 罗斯 1911 年曾来中国，住宿宾馆时也体会到了虱子的厉害："令游客震惊不已的还有旅店的环境，店内始终是脏兮兮的，空气中散发着一股臭烘烘的味道，虱子也到处都是。"（《变化中的中国人》，何蕊译文）美国著名记者约翰·本杰明·鲍威尔于 1917 年来到中国，此后二十五年都在中国从事新闻报道工作，1941 年太平洋战争爆发后，他被日军关进上海的集中营，饱受折磨，双足致残。在监狱的悲惨生活中，他提到了一种致命的威胁——虱子：

老鼠、臭虫、跳蚤、虱子等各类害虫，牢房里应有尽有。在这些害虫里，最可恶的当属虱子，或者叫体虱。牢房里到处都是这种害虫。由于牢房里有几位被囚者患了病，而且病得非常厉害，再加上斑疹伤寒这种病当时正在流行，因此大家都担心会被一些疾病传染，导致全部死亡。我的一位朋友给我送来了一瓶油膏。他这样做，可能是因为想到了牢房里有太多的虱子。

虱子太多，他们这些住在监狱里的外国人就想了一个捉
虱子的办法——让中国狱友帮忙：

> 当时我们所吃的食物，简直差到了极点。……我们
> 很多人都无法吃下这样的饭菜，所以我们与被囚的中国
> 少年商量，让他们帮我们捉内衣裤里的虱子，而我们就
> 把米饭给他们吃。他们同意了。几天后，这些中国少年
> 就创立了一个赌博项目：猜测西洋人内衣裤里的虱子被
> 捉的数目。大家对于这样的安排都很开心。
>
> （《我在中国的二十五年》，刘志俊译文）

马戛尔尼等人的中国观察，在欧洲有很大影响，他们笔
下的中国和中国人，成了欧洲一些想象性作品的素材来源。
没到过中国的法国作家埃米尔·多朗-福尔格，就写作了一
部有关中国的作品，其中杂糅了许多现实和想象的要素，书
里特意描写了一个吃虱子的场景：

> 在商行一座座建筑物脚下，沿着南墙那一面，坐着
> 一排可怜的穷苦人，他们无所事事，待在那里晒太阳。
> 他们穿的米黄色棉布外衣已破烂不堪，肩膀处沾满了泥
> 巴，身上散发出一股特殊的味道，这股味道就像是肮脏
> 内衣上的烂蒜味。一群群苍蝇围着他们憔悴的面容飞来

飞去，除了把苍蝇赶走，他们似乎什么事也不做。我甚至相信他们把身上的寄生虫都吃到肚子里，我亲眼见过不止一个人，把刚蜇过自己的虱子从身上捉下来，放到嘴里嘎嘣嘎嘣地嚼着。那副样子极为豁达，这恐怕是以牙还牙报复的最残忍手段。（《遗失在西方的中国史：一个法国记者的大清帝国观察手记》，袁俊生译文）

不知多朗-福尔格书中吃虱子的情节是否受到了马戛尔尼们的影响，中国人善于吃虱子的印象似乎已经在欧洲确立了起来。福楼拜在写给女友路易丝·科莱的信中（1853年3月27日）谈及对东方的印象："我对东方却有不同的体会。与众人相反，我喜欢那里被忽略了的庄严，还有不协调事物之间的和谐。……那才是真实的，因而也是诗意的东方：一些身穿镶饰带的破衣烂衫、满身虱子的穷人。你别管那是虱子，它在太阳下可以组成阿拉伯式的金色图案。"（《福楼拜文学书简》，丁世中、刘方译文）

不同文明间关于虱子的较量甚至还会激发起爱国的话题。外国人在中国发现虱子，就嘲笑中国的落后，马上就有一些国人开始去找外国人身上是否有此恶物，一旦发现，便可慷慨激昂地昭告世人，西方也非文明之类，"于是乎外国人愧死，中国人外交胜利"（从吾《从虱子说起》，《晨风》1934

路边乞讨者，其中一位在捉虱子

法国画家奥古斯特·博尔热绘制

年第3期）。

　　更有人进一步发现，外国虱子竟比中国的还要大。美国人明恩溥在《中国人的气质》中记载，在华的传教士在传教时，为了向中国人说明一些疾病，他们尝试"用幻灯机打出了一种常见寄生虫的高倍放大图像。当这只像埃及鳄鱼似的巨大爬虫横亘在银幕上时，人们听见一位观众以敬畏的口吻道出了他的一个新发现：'瞧，这只外国虱子真大！'"（刘文飞、刘晓旸译文）

民族优越感的较量无处不在。这类认识在当时似乎很普遍，上海的传教士为了宣传环境卫生的重要性，作了一些宣传画，上面有放大的蚊蝇图片，以介绍其习性和危害："一天，上海附近的一群乡下妇女聚集在一起，指着墙壁上的宣传画说：'原来，美国人怕苍蝇是由于他们的苍蝇比较大啊，我们的苍蝇如此之小，没什么可怕的。'"（《我在中国的二十五年》）就算在外国人身上找不到虱子，说辞也是现成的——"外国人没有的东西，就是国粹，不管是好的还是不好的，既然是'粹'，就得保存！"（从吾《从虱子说起》）

亦有持平实之论的观察者。晚清时期多次出使欧美的张德彝曾有感慨："德京花园林木固盛，雨雪亦多，而蚤虱、臭虫、蝎子、蝎虎、蜈蚣、螳螂、蜻蜓、蛐蟮之类，一概无之。其故何尔？"他强调环境干净是主因："盖天气清而地气净也。街无秽物，日日刷扫，虽树林园囿，亦洒扫收拾，使其一律整齐洁净耳。"（《五述奇》）

其实吃虱子并非中国人的专利，这一习俗散见于各个文化和地域。科万在《昆虫历史上的有趣现象》中就提到塞西亚（Scythia）的布迪尼人、霍屯督人、美洲印第安人等，都普遍存在吃虱子的习俗。中世纪英国人还认为虱子具有药用价值，尤其对于治疗黄疸病有特效。

据说澳洲许多土著以人肉为美味，酋长除能享用敌人与误入的旅人之外，还能任意杀死自己的臣民以作为他和家人聚食的妙品。多尼岛（Doini）上的土著除喜食人肉，还喜欢另一种易得的美味——虱子。他们精心呵护自己的头发，之所以如此，除了满足美感外，就是为了更好地蓄养虱子。土著人用芦苇制成帽子，里面塞入一些收集到的头发，扣在头上，如此一来，头上的虱子就会慢慢爬到帽子里的头发上。待闲暇时刻，取下帽子，放在膝头，慢慢捻食，旁边或许还配置了茶点和酒水，"这种态度的从容，真是十分闲适"。他们也不独贪此美食，最好的朋友来访时，他们便会以这些饱满的虱子来作招待，"他们把头放在朋友的膝间，这朋友就不客气地开始捕捉，捉一个食一个，只听得干细有声，比我们的嗑瓜子的朋友更显得惬意"。（马宗融《吃"长猪"和吃虱子》，《南潮月刊》1944年第2—3期）不得不说这是一种真诚的待客之道，比我们呼朋唤友胡吃海喝高雅得多了。这样的事不是孤例，至少在一些原始部落中还有另外的例证：

> 要好的朋友们没事的时候，互相在头上捉虱子，
> "然后端端正正放在虱主的两齿之间"，这够多么有趣！
> 在野蛮人里头，这是极通行的消遣良法。黑龙江流域的
> 土人觉得表示夫妻的恩爱或朋友的交情没有比这更好的
> 办法。阿尔泰山及南部西伯利亚的突厥人也酷好此道。
> 他们身上的皮衣长满了虱子；那些巧手土人整天价搜扒
> 着，捉到了便往嘴里送，嘴唇啧啧不止。拉德罗夫博士
> （Dr. Radloff）曾经亲自数过，他的向导在一分钟之内捉
> 到八十九枚。无怪乎初民部族的民间故事中常常要提到
> 这种风俗了。（［美］罗伯特·路威《文明与野蛮》，吕叔湘译文）

吃虱子令现代人作呕，但缘何在古代无论上层权贵、大
家闺秀，还是村夫村妇、懒汉乞丐，都要吃虱子呢？或者就
是因为方便。随手捉到，放进嘴里嚼碎，一气呵成，最为便
捷高效。另一个可能的原因是解恨。食人族所吃虽也有同
族，但主要是吃敌人，吃掉敌人也发泄了仇恨。人类表达痛
恨时总是用咬牙切齿、食肉寝皮这类的字眼，吃掉大概是最
解恨的手段。周作人也曾专门研究过吃虱子的现象，他考索
之后觉得吃虱子的原因并非那么复杂，吃虱子"其实只因虱
子肥白可口"（《虱子——草木虫鱼之二》）。

确实，味道可口，这足以成为人类做任何事情最充分的理由。

宗教与疾病

以人体为宿主的生物并不多，所以人类常会抓住这个难得的机会来表达虚伪的慈悲。马拉巴尔（Malabar）当地人中"一些信仰宗教的虔诚人士会将其他人能够抓到的所有虱子放到自己的头上，为虱子提供食物和营养"。看来当地的信仰者是不剃度的，否则就没有了展现慈善的资格。对他们来说，"这是一种仁慈的自我牺牲，通过此种做法，他们可以进入圣人的行列"。（［美］汉斯·辛瑟尔《老鼠、虱子和历史：一部全新的人类命运史》，谢桥、康睿超译文）

佛教强调众生平等，背后有因果报应与轮回观念做基础。《楞伽经》言："一切众生从无始来，在生死中轮回不息，靡不曾作父母兄弟、男女眷属乃至朋友亲爱侍使，易生而受鸟兽等身，云何于中取之而食。"众生平等，秉持佛祖教训的善男信女总会从细微的对象那里实践这样的信条。佛教要求不杀生，不杀鸡鸭牛羊或容易做到，但不杀虱子蚊虫，似乎就难了。微虫成了检测信仰纯度的一种尺度，尤其是虱子，是验证佛性和悟性的试金石。如此可恨恼人的东西，若是能宽恕了它的生命，那真是达到了至高至纯的信仰境界。

无畏三藏自天竺至，所司引谒于玄宗，上见而敬信焉。上谓三藏曰："师自远而来，困倦，欲于何方休息耶?"三藏进曰："臣在天竺国时，闻西明寺宣律师持律第一，愿依止焉。"上可之。宣律禁诫坚苦，焚修精洁。三藏饮酒食肉，言行粗易，往往乘醉而喧，秽污缗席。宣律颇不甘心。忽中夜，宣律扪虱，将投于地，三藏半醉，连声呼曰："律师扑死佛子!"宣律方知是神异人也，整衣作礼，投而师事之。（[唐]郑棨《开天传信记》）

怜悯众生，就连捉住虱子，也不能猛然抛掷，而要和缓释放。无畏三藏看到宣律把虱子扔在地上，惊呼"扑死佛子"，宣律也由此见识无畏三藏修道高深。据佛家说法，一切众生皆有语言，痛则哭，喜则笑，但凡俗之耳不能闻，诸佛听之则声如响雷。无畏法师还说被投掷在地的虱子，已被跌损左边第三足。众僧本以为无畏法师所言皆虚妄不经之谈，但举烛照虱，果见折损了左边第三足，众人皆相视骇然。（游有维《虱子也能成佛吗》，《弘化月刊》1948年第87期）

看来"跌杀"真有可能。也确实有人想这么谋杀虱蚤。某人捉到一跳蚤，狂喜之余，却想不出施以何种酷刑才能一解心头之恨，搜肠刮肚思考再三，疾奔上楼，从窗口将其奋力掷下，以跌杀之。(冯大光《小笑林：跳蚤坠楼》，《立言画刊》1939年第65期)但有时可能也会失手，达不到效果。清代的魏象枢大概就见识过，"有时公堂手自扪，掷之地上犹不死"(《捉虱行》)。

在《二十年目睹之怪现状》第九十一回中，老太太评断家事，讲出一番大道理：

> 我此刻把最高的一个开解，说给你听：我一生最信服的是佛门。我佛说一切众生，皆是平等。我们便有人畜之分，到了我佛慧眼里头，无论是人，是鸡，是狗，是龟，是鱼，是蛇虫鼠蚁，是虱子蚊蚤，总是一律平等。既然是平等，那怕他认真是鳖是龟，我佛都看得是平等，我们就何妨也看得平等呢；何况还是个人。

虱子或许真是只能在佛的庇护下，才能找到安栖之所，所以小林一茶说："莲花——被弃的虱子们的/收容所……"小林一茶还有一首俳句提到了跳蚤与莲花："跳蚤啊，你若要跳，就跳到莲花上吧！"(《这世界如露水般短暂》，陈黎、张芬龄译文)莲花是佛教的象征，在世间难觅活路的虱蚤，于佛教净土中找到了众生平等的乌托邦。小林一茶的另一首俳句这样写道："虱子啊，放在和我的味道一样的石榴上爬着。"（周作人《虱子——草木虫鱼之二》引）据佛教传说，鬼子母食王舍城内小儿，佛劝化她后，给她石榴吃，以代替人肉。小林一茶这首俳句的意思，大概是捉到了虱子，也要放在石榴上，以免它被饿死："放它去吧，放它去！跳蚤也有孩子。"（《这世界如露水般短暂》）

更深刻的说法是虱子也有佛性。据说迦叶佛修行时，与身上的虱子订一约，坐禅时嘱它不要吸血，免得扰乱他的修行，待出定之后，任其饱餐无碍。虱子竟也遵守条约，与修道人结下法缘，在此过程中，亦得到教化，种下善根。迦叶佛为贤劫千佛中的第三佛，继之的第四佛即释迦牟尼佛，原来就是当年的虱子。"释迦佛因变虱子时受了那迦叶佛作道人时教养他的恩德，谁知在百千万劫后，更作传道人成佛后佛法的人。"所以说，"释尊是过去的虱子，虱子是未来的释迦佛"。（游有维《虱子也能成佛吗》）看来虱子确实有佛性：

佛言"一切众生皆有佛性"，那末：虱子有佛性当毫无疑义，虱子蕞尔之躯，是以前生所造恶业所感的报身，但须忏悔业障，也可以解脱虱子的报身，而有变人生天乃至成佛的希望。诸君！诸君！莫轻看他，莫欺侮他，莫毁灭他，他是未来的佛陀，我们若不努力修行，

恐怕他比我们先成佛道，尚须仰仗他的救度，来作我们的导师。（游有维《虱子也能成佛吗》）

民国十九年（1930 年），印光大师由上海太平寺移居苏州报国寺，铺盖衣箱之中，虱蚤甚多，以致窗口几上，都有虱子。弟子屡请入室收拾，但印光大师坚拒不许，他说都怪自己无德，才会虱子遍屋。古代曾有高僧不耐虱虫之烦扰，就请虱子迁单出门，虱听言遂相率而去。而印光大师惭愧自己修持不力，无此感应之力，虱子难去。但到了民国二十二年，印光大师室内的虱子突然全部消失，可能此时大师修成正果，虱子受感化自愿迁单而去吧。（游有维《虱子也能成佛吗》）所以佛教对于虱子，有特别的爱护。《四分律》卷五十《房舍犍度法》曰：

> 于多人住处拾虱弃地，佛言不应尔。彼上座老病比丘数数起弃虱，疲极，佛言听以器，若毳，若劫贝，若敝物，若绵，拾着中。若虱走出，应作筒盛。彼用宝作筒，佛言不应用宝作筒，听用角牙，若骨，若铁，若铜，若铅锡，若竽蔗草，若竹，若苇，若木，作筒，虱若出，应作盖塞。彼宝作塞，佛言不应用宝塞，应用牙骨乃至木作，无安处，应以缕系着床脚里。

（周作人《虱子——草木虫鱼之二》引）

中国宗教讲求现世的回报，对于大众信徒来说，"善有善报，恶有恶报"是很重要的一种信仰动力。救助动物往往会带来实际的好处，高官厚禄、金银财宝、危难得脱、贤妻美妾、风调雨顺等。保护虱子，也有相应的善报来支撑人们不惧瘙痒与肮脏的努力，清代褚人获的《坚瓠集》中，就记载了一个"虱代薛嵩"的善报故事。

薛嵩平日性慈戒杀，就连微细如虱子之类也不害之，有天夜里梦见被子上有很多虱子，组合一起渐变成人，长约寸许，对薛嵩说，平日受君呵护，今日君有难，正是我们报答之时。遂排列在被子上，须臾间皆毙命。薛嵩惊觉而醒，呼左右来看，发现被上有血痕长有尺余，原来就是那些虱子。薛嵩痛惜良久。原来，当夜有刺客来杀薛嵩，手持古剑，着处必破，刺客一剑下去，见到鲜血流出，以为薛嵩必死无疑，谁知虱子救了薛嵩之命。此类回报故事在佛经故事中十分常见，在民间故事中也是重要的母题。

佛教对虱子生命的珍视，来华的传教士也有耳闻，他们由此也会引发出中西宗教比较的话题。美国传教士何天爵就记载：

> 与西方的男人相同，中国男人多半在得意洋洋之

际，不会想起宗教的用途。但是，当他们遭遇逆境的时候，又会义无反顾地寻求宗教的庇佑。因此，真正虔诚的佛教徒，大多是妇女和儿童。也许，男人们会把佛教视为一种附带的信仰，但是他们绝不会真正地遵从其宗旨和信条的，这已经成为他们的一种习惯。比如说，佛教严禁吃荤，不允许人们杀生。有一个考验佛教徒的方法，想必人人都很熟悉，但多少会让人感到恶心。那就是某人真是虔诚的佛教徒，他不会杀死身上的任何一个虱子。不过，你只要在中国随便待几天就会发现，几乎没有一个中国人不喜欢吃肉的。对于普通老百姓而言，他们不吃肉不是因为信佛，而是经济条件所限，买不起肉而已。(《本色中国人》，冯岩译文)

与回报得益的故事相反的是惩罚故事。《宣验记》中有这样的记载：

> 晋义熙中，京师长年寺道人惠祥与法向连堂。夜四更时，惠遥唤向暂来。往视，祥仰眠，手交于胸上，足挺直，云："可解我手足绳。"曰："上并无绳也。"祥因得转动，云："向有人众，以我手足，鞭捶交下，问何故啮虱？"语祥："若更不止，当入两石间磕之。"祥后惩戒于虱，余无精进。

惠祥因啮虱而被惩戒，遭受酷刑。

虱子有时也会成为直接的惩戒手段。在《出埃及记》中，上帝劝说埃及法老还以色列民以自由，降下十灾给埃及，包括血灾、蛙灾、虱灾、蝇灾、疫灾、疮灾、雹灾、蝗灾、黑暗之灾、长子之灾。其中关于虱灾部分是这么说的：

> 耶和华吩咐摩西说，你对亚伦说，伸出你的杖击打地上的尘土，使尘土在埃及遍地变作虱子（或作蛇蚤）。他们就这样行。亚伦伸杖击打地上的尘土，就在人身上和牲畜身上有了虱子，埃及遍地的尘土都变成虱子了。行法术的也用邪术要生出虱子来，却是不能。于是在人身上和牲畜身上都有了虱子。

人类苦心呵护虱子，为的是自我的信仰，但虱子未必领情。旧传"人将死，虱离身"，《五杂组》考究原因说："俗传久病者忽无虱必死，其气冷也。"因是之故，有时会用虱子来进行病卜："取病者虱于床前，可以卜病。将差，虱行向病者，背则死。"（《酉阳杂俎》）真有些树倒猢狲散的悲凉。英国诗人奥登在1938年曾有中国之行，回国后完成了一组十四行诗，其中一首是他见到战死疆场的士兵后写的：

> 他被使用在远离文化中心的地方：

被他的将军和他的虱子所抛弃，

他双眼紧闭躺在一条厚棉被里，

然后就泯无踪迹。他不会列名其上。

（《战地行纪》，马鸣谦译文）

不知道奥登是听到了中国"人死虱离身"的传说，还是英国也有类似的观念，"被他的将军和他的虱子所抛弃"，写尽了战场的悲凉。从其他的资料中可以看出人死虱离身似乎是世界虱族之通则。路威在《文明与野蛮》中还提到格林兰人身上的虱子也是如此："船将沉，鼠先逃；人将死，虱先跑——这是格林兰人的理论。所以身上没有虱子的格林兰人心里异常不安。"（吕叔湘译文）看来距离的遥远，并没有让虱子像人类那样，呈现出文化的差异与文明冲突，真是东海西海，虱同理同。

与人死虱离身相对的一个说法是，灾病将至，身生虱子："人将有疾病，或祸患之将至，则身必生虱。"（[清]阮葵生《茶余客话》）文徵明的《病中》诗，也有"久病生虮虱"的句子。总之，虱子都是一种不祥的预兆。

王力先生谈到，在古代，扪虱无伤大雅，但"现代的人有了现代的思想，自然不免憎恨虱"（《龙虫并雕斋琐语》）。这主要是在现代的卫生观念影响下，人们知道了虱子是一种传播疾病的寄生虫，为了身体康健，一定要将其根除。现代人终于知道，虱子、跳蚤给人类带来的最大麻烦不只是痒，而主要是病。让人闻风丧胆的鼠疫，主要就是由老鼠身上的跳蚤传播到人身上的。人类身上的虱子，也能传播疾病，最有名的当属斑疹伤寒。寄宿在人身上的虱子有三类：头虱、体虱和阴虱。斑疹伤寒主要就是由体虱来传播。

一名妇女正在把斑疹伤寒患者头上的虱子梳到碗里（1499）

"一战"时的西线战场

德国士兵在战斗间隙脱下衣服捉虱子。"一战"中，有数百万士兵死于由虱子传播引起的斑疹伤寒。

斑疹伤寒又被称为"战争热""军营热""监狱热"等，从这些名字就可看出它最容易在群体中传播。1812年夏，拿破仑率领50多万人的大军远征俄国，经过长途跋涉和连续作战，到了12月中旬，这支军队只剩下3万多人，其中只有1000多人能保持作战能力。除了战死、冻死等原因外，主要就是因为斑疹伤寒。斑疹伤寒一般的死亡率为5%～25%，但在冬天高达40%。（[美]汉斯·辛瑟尔《老鼠、虱子和历史：一部全新的人类命运史》）两次世界大战中，斑疹伤寒肆虐欧洲，在1917—1922年间，共发生了2 500万～3 000万的病例，其中东欧和苏俄就有300多万人死于此病。（[英]玛丽·道布森《疾病图文史》）此可谓是疾病改变历史的显例。

中国古人也认识到虱蚤所带来的一些疾病："譬犹蚤虱疥癣，虽为小疴，令人终岁不安。"（《宋书·索虏传》）《本草纲目》提到虱蚤会引起虱症、虱瘤等病症，"为害非小"。古代有很多此类令人触目惊心的记载，洪迈在《夷坚志》中记录了两则虱瘤病例：

> 临川人有瘤生颊间，痒不复可忍，每以火烘炙，则差止，已而复然，极以患苦。医者告之曰："此真虱瘤也，当剖而出之。"取油纸围项上，然后施砭。瘤才破，小虱涌出无数，最后一白一黑两大虱，皆如豆，壳中空空无血。乃与颊了不相干，略无瘢痕，但瘤所障处正白尔。

> 浮梁李生得背痒疾，隐起如覆盂，无所痛苦，唯奇痒不可忍，饮食日以削，无能识其为何病。医者秦德立见之曰："此虱瘤也，吾能治之。"取药傅其上，又涂一绵带绕其围，经夕瘤破，出虱斗许，皆蠢蠕能行动。即日体轻，但一小窍如箸端不合，时时虱涌出，不胜计，竟死。

此类治疗故事，本无多少医学上的依据，令人徒生恶心恐惧之感，但在代代相传之中，成为大众普遍接受的医学知识。晚至民国的《点石斋画报》，也在重复类似的故事：

> 祝由一科，流传已久。其书符治病，不必其皆效；而一二见效之处，竟有他医束手无策，而彼治之，顷刻间便能奏功，神出鬼没，令人不可思议者。甬上某翁左臂生一瘩，习习作痒，形如覆碗。顾以屈伸无碍，亦自听之耳。一日在途遇祝由科，因攘臂以示医。医审之曰："皮里膜外有虱据为巢穴，若不除去，将来生育蕃衍，遍体精血不足供其呼吸也。"翁惧，议疗治。医乃焚香，朱书黄纸如蚯蚓者十余张，贴患处，口诵咒语良久，用长柄铁圈如团扇状者，向患处作开刀势。须臾，血溢纸外，承以磁杯，殆满。验之，果有白虱，八足红头，蠕蠕动，盈千万。另书一符贴之，患若失。但不知其自内生，抑由外入乎？益令人不可思议矣！

> （《点石斋画报·虱生膜间》）

孙思邈《千金方》中有治虱症方，"以故梳箆二物烧灰服"即可，但庄绰在《鸡肋编》中说此方"犹未以为信"。洪迈在《夷坚志》中说虱子引起的虱瘕、虱瘤之类，"世间无药可疗"。谢肇淛《五杂组》也提到："世间固有一种奇疾，

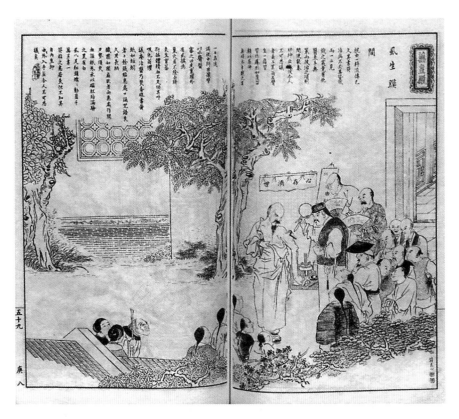

《点石斋画报·虱生膜间》

非书所载，而疗治之方亦殊怪僻，非人意想所及者。如贾耽所视老人虱瘕，世间无物可疗。"史籍所仅见的几种药方，也是非常人所能得到，"唯千年木梳烧灰及黄龙浴水乃能治尔"（《夷坚志》）。

古代有把虱子作为蛊毒的做法。蓄蛊巫术，就是蓄养蛊虫来害人的巫术。《隋书·地理志》言：

> 新安、永嘉、建安、遂安、鄱阳、九江、临川、庐陵、南康、宜春，其俗又颇同豫章，而庐陵人厖淳，率多寿考。然此数郡，往往畜蛊，而宜春偏甚。其法以五月五日聚百种虫，大者至蛇，小者至虱，合置器中，令自相啖，余一种存者留之。蛇则曰蛇蛊，虱则曰虱蛊，行以杀人。因食入人腹内，食其五脏，死则其产移入蛊主之家，三年不杀他人，则畜者自钟其弊。累世子孙相传不绝，亦有随女子嫁焉。干宝谓之为鬼，其实非也。自侯景乱后，蛊家多绝，既无主人，故飞游道路之中则殒焉。

虱蛊是诸多蛊毒之一种，段成式《酉阳杂俎》还提到解虱蛊之法："饮赤龙所浴水则愈，虱恶水银。"蛊或有医疗之效，中蛊者也多为患病之症状，但蛊毒的蓄养与应用，在古代多被神秘化，成为民间巫术的重要内容。蓄蛊自西汉发端，隋唐时期定型，流衍至今。关于蛊毒，最有名的是汉代的"巫蛊之祸"，成为改变历史的大事件。

在医学和生物学的影响下，现代人得以用科学的方式看待虱蚤所引发的疾病。道格拉斯提到，现代人对污秽的观念，已经失去了宗教背景，主要由卫生学和生物学等科学知识所统领，"疾病的细菌传播是19世纪的伟大发现。它导致了医药史上最为根本的革命。我们的生活天翻地覆地改变了，这使得我们很难不在病源学的背景下看待污秽问题"（［英］玛丽·道格拉斯《洁净与危险：对污染和禁忌观念的分析》，黄剑波等译文）。

痒与搔痒

人的身体有多种感觉，诸如视觉、听觉、味觉、触觉、嗅觉等，痒是触觉之一种。除了病理学意义上的瘙痒之外，日常生活中的痒颇令人苦恼。有时候，痒比疼痛更让人难以忍受。相传苏东坡说过："人生耐贫贱易，耐富贵难；安勤苦易，安闲散难；忍痛易，忍痒难。能耐富贵、安闲散、忍痒者，必有道之士也。"真可算是深得三昧之语。

据说，古代最残忍的刑罚还不是"杀千刀"之类的酷刑，而是"笑刑"。在脚底抹上蜂蜜，让羊来舔，人会奇痒难忍，大笑而死。余华的小说《现实一种》中就有类似的虐杀情节。山岗"将山峰的袜子脱掉后，就揭开锅盖，往山峰脚心上涂烧烂了的肉骨头。那条小狗此刻闻到香味马上跑了过来"。此后的一幕让人胆战心惊：

然而这时一股奇异的感觉从脚底慢慢升起，又往上面爬了过来，越爬越快，不一会就爬到胸口。他第三次喊叫还没出来，他就由不得自己将脑袋一缩，然后拼命地笑了起来。他要缩回腿，可腿没法弯曲，于是他只得将双腿上下摆动。身体尽管乱扭起来可一点也没有动。他的脑袋此刻摇得令人眼花缭乱。山峰的笑声像是两张铝片刮出来一样。……狗舔脚底的奇痒使他笑得连呼吸的空隙都快没有了。

但丁《神曲》中的地域之第八圈，伪造金银者遭受的是永恒之痒刑：

> 由于没有其他方法止住身上的奇痒，
> 只能把指甲深深陷入肉中。
> 因此指甲就把痂皮搔下，
> 正好像一把刀从鲤鱼或是
> 从鱼鳞更大的鱼身上刮去鱼鳞一样。（朱维基译文）

这样的折磨，读来令人毛骨悚然。

传说在北极地区存在一种神奇生物，叫马哈哈，它赤身裸体，留着长长的指甲，皮肤因寒冷而呈现出蓝色，整日狂笑不已，在极地四处游荡，用白色眼睛搜索目标，一旦发现

北极地区搔痒致人死亡的神话
生物马哈哈

路德维希·福贝达绘

人类，就会扑上去搔痒，令人因笑致死。但受害者亦有一丝
逃脱的机会，那就是当你被攻击时，马上乞求马哈哈，说自
己临死前最后的愿望是喝一口水。它便会发慈悲把你带到一
个冰窟窿前，在你喝水的时候，它也会趁机弯腰喝上一口，
这时机会来了，你要当机立断把它推进冰窟窿。（［荷］弗洛泰
尔·兹维戈曼文，［荷］路德维希·福贝达绘《世界神话生物图鉴》）

痒的原因有多种，虱子与跳蚤大概是主要罪犯。虱子带
来的瘙痒令人难忍："尔常噬脐，人犹芒背。遂使缊袍之士，

手不停搔；伏枕之夫，卧难帖席。"（徐枋《讨蚍虱檄》）清代魏象枢《捉虱行》写被虱子叮咬后发痒入髓的感觉："夜来才睡睡忽醒，白日乱啮痒到髓。"

对痒的描写，天下最妙的文字恐怕是钱锺书先生的《围城》。钱先生在《管锥编》中有不少关于虱子和搔痒的考证，估计尚有许多未尽的才思难以舍去，就转化成了文学的描写。在《围城》中，方鸿渐等人入住欧亚大旅社，在看了老板娘捉虱子的情景之后，各自身上也开始蠢蠢欲动，一时都生出痒的感觉来。痒确实是一种会传染的感觉：

可是方才的景象使他们对床铺起了戒心，孙小姐借手电给他们在床上照一次，偏偏电用完了，只好罢休。辛楣道："不要害怕，疲倦会战胜一切小痛痒，睡一晚再说。"鸿渐上床，好一会没有什么，正放心要睡去，忽然发痒，不能忽略的痒，一处痒，两处痒，满身痒，心窝里奇痒。蒙马脱尔（Monmartre）的"跳蚤市场"和耶路撒冷圣庙的"世界蚤虱大会"全像在这欧亚大旅社里举行。咬得体无完肤，抓得指无余力。每一处新鲜明确的痒，手指迅雷闪电似的捺住，然后谨慎小心地拈起，才知道并没捉到那咬人的小东西，白费了许多力，手指间只是一小粒皮肤屑。好容易捺死一个臭虫，宛如

报了仇那样的舒畅，心安虑得，可以入睡，谁知道杀一
并未儆百，周身还是痒。到后来，疲乏不堪，自我意识
愈缩愈小，身体只好推出自己之外，学我佛如来舍身喂
虎的榜样，尽那些蚤虱去受用。外国人说听觉敏锐的人
能听见跳蚤的咳嗽；那一晚上，这副尖耳朵该听得出跳
蚤们吃饱了嗳气。早晨清醒，居然自己没给蚤虱吃个精
光，收拾残骸剩肉还够成个人，可是并没有成佛。

痒带来的烦恼，看似小事，实则对人的舒适感影响很
大。在古代社会中，卫生条件相对落后，虱子横行，沐浴并
非人人都能享用，也非天天所敢奢望，不管男女老幼，甚至
帝王将相，个人卫生状况一定不甚理想。痒，恐怕就成了每
个人无可避免的烦心事。

《释名·释疾病》解释"痒"曰："痒，扬也，其气在皮
中，欲得发扬，使人搔发之而扬出也。"痒乃皮内之气欲发，
《集韵·养韵》也说："痒，肤欲搔也。"所以必须要用手挠不
可。痒的感觉有时候会突然来袭，令人坐立难安。身体发痒
时，大概自己都不清楚具体痒在何处，旁人就更难把握：

> 向有人痒，令其子搔之，三索而弗中。又令其妻索
> 之，五索亦五弗中。其人曰："妻乃知我者也，而何为而

齐白石《钟馗抓痒图》之五

题款曰："不在下偏搔下，不在上偏搔上。汝在皮毛外，焉能知我痛痒。"

弗中？莫非难我哉？"妻子无以应。其人乃自引手，一搔而痒绝。此何者？痒者，人之所自知也，他人莫之知。（[明]刘元卿《应谐录》）

但有时自己鞭长莫及，还只能请人来搔，而且仅靠口头的指挥，是经常"搔不到痒处"的。曾有灯谜描述了这种烦乱的心情：

> 杭城元宵，市有灯谜，曰："左边左边，右边右边；上些上些，下些下些；不是不是，正是正是；重些重些，轻些轻些！"盖搔痒隐语也。（［明］耿定向《杂俎》）

钱锺书在《管锥编》中也说靠自己搔痒的不足之处："即在少年，筋力调利，背痒自搔，每鞭之长不及马腹；倩人代劳，复不易忖度他心，亿难恰中。"于是人类发明了搔痒工具，就是为了能自行搔痒。一来自己搔的部位比较精准，二来省去烦劳别人，所以"痒痒挠"有个绝妙的别名就是"不求人"。另一个用来搔痒的工具叫如意，据传它最初是兵器，黄帝以此战蚩尤；或说最早是佛具，用来记录经文；后来至少是作为祥瑞、辟邪的器具来看待的。但落入民间，高大上的出身变成了"痒痒挠"。"痒痒挠"也称为"搔杖"，北宋释道诚《释氏要览》曰："如意，梵名阿那律，秦言如意。《指归》云：'古之爪杖也。'或骨、角、竹、木，刻作人手指爪。柄可长三尺许，或脊有痒，手所不到，用以搔抓，如人之意，故曰'如意'。""如意"这个名称与"不求人"一样，确实令人如意。

有了如意之后，背部大痒，就能自己搔，不再求人，乐何如之。但老弱或身体不便时，连使用"不求人"也不灵活了。王十朋就有诗说："牙为指爪木为身，挠痒工夫似有神。老病不能亲把握，不求人又却求人。"（《不求人》）

西方亦有专门的抓痒工具。路威在《文明与野蛮》中说，18世纪欧洲的贵妇人们发髻堆成宝塔，其中就虱蚤丛生了，但是阔太太们在追求美丽的目标面前不会有丝毫退让："西欧的天才并不因此而革除这种时装。他发明一种安上象牙钩的棒，拿来搔痒算是很漂亮。许多印第安部族禁止月经在身的女子用指头搔痒：有一种特殊的棒专供此用。这样看来，'万物之灵'的无上智慧居然两度发明一种搔头器。"（吕叔湘译文）

其实更多的时候还是要请人来帮忙。但搔痒须有肌肤接触，所以帮着搔痒者必为亲近之人。杜甫就曾叫自己的儿子来搔背："令儿快搔背，脱我头上簪。"（《阻雨不得归瀼西甘林》）写出了犹如救命一般的迫切心情。除了父母、子女之外，对于男人来说，符合搔背条件的，就只有自己的妻子了。

汉代的汉中太守丁邯，因其妻弟投靠叛将公孙述，就把自己的妻子投入狱中，以此向光武帝请罪："(丁邯)迁汉中太守，妻弟为公孙述将，收妻送南郑狱，免冠徒跣自陈。"（《后汉书·百官志》补引《决录注》）但光武帝惜才，不加追究，且希望把丁邯的妻子放出来："汉中太守妻乃系南郑狱，谁当搔其背垢者？"（光武帝《原丁邯诏》）

光武帝表达得既委婉又温情。丁邯的妻子在狱中，那么谁来为丁邯搔背呢？光武帝不但具有雄才大略，而且心思细腻，他关心人才，着眼在搔背问题上，自小处考量，颇能打动人。光武帝这样的做法并不是孤例，他在《赐侯将军诏》中对自己的爱将侯进说："卿归田里，曷不令妻子从？将军老矣，夜卧谁为搔背痒也！"真是爱将有法。

民间笑话中也有以夫妻搔背作为笑料的。《笑林广记》中有一则"抓背"的笑话："老翁续娶一妪，其子夜往窃听，但闻连呼'快活'，频叫'爽利'。子大喜曰：'吾父高年，尚有如此精力，此寿征也。'再细察之，乃是命妪抓背。"

北宋时有一个叫赵明叔的人，家贫好饮，常大醉如泥，嘴里经常说："薄薄酒，胜茶汤，丑丑妇，胜空房。"苏轼认为"其言虽俚，而近乎达"（《薄薄酒二首引》）。这句话的关键词是"薄酒"和"丑妇"，以此来表述知足常乐、随遇而安的人生哲学。这是一句浅显却很有道理的话，于是在宋代文

［北宋］黄庭坚《薄薄酒帖》（局部）

人那里获得了很多共鸣，苏轼、杜纯、晁端仁、黄庭坚、李
之仪、陈慥等人，都曾以此语作诗。最著名的即是苏轼和黄
庭坚所作的《薄薄酒》。诗中也都赞美了"丑妻"，其中黄庭
坚的诗写道："薄酒可与忘忧，丑妇可与白头。""不如薄酒

醉眠牛背上，丑妇自能搔背痒。"黄庭坚还将此诗写了下来，《薄薄酒帖》是其著名书帖之一。在黄庭坚看来，"丑妇"最体贴的关怀就是搔背。薄酒醉眠牛背，丑妇爬背搔痒，可能是人世间最为平常也最为极致的幸福了。

生活中的搔痒，也常引申出许多文化的内涵。光武帝在关心属下时常提到搔痒，在钱锺书先生看来，是大有深意的："光武拈苛痒抑搔以概诸余，事甚家常，而语不故常。"钱先生还举了李密《陈情事表》中的例子："刘夙婴疾病，常在床蓐，臣侍汤药，未曾废离。"同样是关切老病者，光武帝着眼搔痒，是"举轻"；李密侍奉长者，着眼"汤药"，是"举重"。"'举'背痒之搔而汤药之侍可知，'举'侍汤药而搔背痒亦不言而喻矣。"虽说关怀的心意都表达了出来，但"举轻"更妙："《春秋》之'书法'，实即文章之修词……《公羊》《穀梁》两传阐明《春秋》美刺'微词'，实吾国修词学最古之发凡起例。"（《管锥编》）从中可见，对于搔痒这样小事的描写，在史书中实在是非常重大的关节。

上引耿定向提到的杭州灯谜，很好地把握了人们在有些时候那种不安定的含混状态，似有所得，无觉无所得，似有所悟，又似乎无所知。王阳明据此作喻，认为用来形容致知的状态最为精妙，他对弟子说："状吾致知之旨，莫精切若此。"(《管锥编》引) 搔痒也类乎致知的摸索过程。

搔痒时常要求助于人，由此搔痒又含有互助交往的意思。钱锺书曾引西谚"汝搔吾背，则吾将搔汝背（Scratch my back and I'll scratch yours）"，说这则谚语"取此事以喻礼尚往来或交相为用"。(《管锥编》)

搔痒真可支撑一门独特的生活哲学教程。

麻姑的指爪

搔背是私密的事，除了会请妻儿等亲近之人来帮忙外，男性也会想象美人用细长手指来为自己抓痒。这种有着性幻想意味的想象，在晋唐时期与麻姑的传说结合起来，形成了古代诗文和艺术中经久不衰的麻姑搔痒主题。

麻姑是道教中的一位神仙，据杜光庭《墉城集仙录·麻姑传》说："麻姑者，乃上真元君之亚也。"麻姑的故事在民间广为流传，原因之一是颜真卿被誉为"天下第一楷书"的《有唐抚州南城县麻姑山仙坛记》(简称《麻姑仙坛记》)，详细记述了麻姑的故事。其中提到麻姑"是好女子，年十八九许，顶中作髻，余发垂之至腰，其衣有文章，而非锦绮，光彩耀日，不可名字，皆世所无有也。"麻姑手似鸟爪，在旁

［唐］颜真卿《麻姑仙坛记》(局部)

的蔡经心里默想："背痒时，得此爪以杷背，乃佳也。"此念已被王方平所知，"使人牵经鞭之"——麻姑仙人是不可亵渎的。

《麻姑仙坛记》中的主要内容引述自东晋葛洪的《神仙传》，此传说其实最早出现在《列异传》中，其中的叙述十分简洁，但场面更加可怖：

> 神仙麻姑降东阳蔡经家，手爪长四寸。经意曰："此女子实好佳手，愿得以搔背。"麻姑大怒。忽见经顿地，

［明］洪应明编绘的《仙佛奇踪》中的《麻姑像》，可见其修长的指甲。

两目流血。

麻姑的故事衍生出了一些主题。

其一是"沧海桑田"。传说麻姑看上去大约十八九岁，长得非常漂亮，衣着光彩耀目，却自称已经见过东海三次变为桑田。明代程登吉《幼学故事琼林·地舆》说："沧海桑田，谓世事之多变。"这是中国人用来形容时间流逝和世事多变的重要词汇。

其二是长寿主题。麻姑经历沧海三次变桑田，却依旧美貌如少女，于是民间就把麻姑作为长寿的标志。道教以追求长生不老为目标，麻姑自然是最符合这一目标的人，适合用来传播道教教义，所以在道教中有很高的地位和影响力。麻姑献寿是历代画家们喜作的主题，陈洪绶、冷枚、黄慎、任熊、任伯年等，都有麻姑题材的作品。如"扬州八怪"之一的黄慎，一生中创作了不少于二十幅麻姑主题画。

其三是以麻姑掷米来比喻巧施仙术、技艺高超。"麻姑欲见蔡经母及妇。经弟妇新产数十日，麻姑望见之，已知，曰：'噫，且止勿前。'即求少许米，便以掷之，堕地即成丹砂。方平笑曰：'姑故年少，吾了不喜复作此曹狡狯变化也。'"（《麻姑仙坛记》）宋代陆游《夜大雪歌》写道："初疑天

［明］陈洪绶《麻姑献寿图》

女下散花，复恐麻姑行掷米。"清钱谦益《仙坛唱和诗》曰：
"麻姑狡狯真年少，掷米区区作鬼工。"

　　其四，就是因麻姑指爪细长似"鸟爪"，蔡经便幻想以
此爪搔背，这一情节后来演绎成了流传至今的"麻姑搔背"

［清］冷枚《麻姑献寿图》　　　　　　　　［清］黄慎《麻姑献寿图》

典故。

关于麻姑形貌的记载，除了强调其年轻貌美之外，最为突出的描写就是她的手，纤细修长，貌似"鸟爪"。古人对于美人之手的赞美，大致集中在四个标准上：白、柔、细、尖。《孔雀东南飞》提到焦妻刘氏"指如削葱根"，周邦彦《少年游》也有"纤指破新橙"的句子，都是在说美人的手又尖又细。按照这个标准，麻姑的"鸟爪"肯定就是最美的手了。尖细的手指搔痒时效果也好，可能还会顺带灭除虮虱，"点点殷红，时污麻姑之鸟爪"（徐枋《讨虮虱檄》）。除了麻姑，古代诗文中还常提到一位手指细长的美人，名曰耿先生。耿先生大概是五代时期的一位女道士，长得漂亮，且手指非常长，"手如鸟爪，不便于用饮食，皆仰于人，复不喜行宫中，常使人抱持之"（［宋］吴淑《江淮异人录》）。手指细长得都难以吃饭，不由让人想起李渔在《闲情偶寄》中提到的那位脚小得无法走路，行动都要依仗别人抱着的"抱小姐"了。美的极致，竟成了病态。

钱锺书先生认为，《神仙传》中蔡经看到麻姑的"鸟爪"，心里暗想"爬背当佳"，是因为"鸟爪锐长，背痒时可自搔而无不及之憾尔"。（《管锥编》）这一看法有些误解。蔡经希望用麻姑的"鸟爪"为自己爬背，而不是麻姑"背痒时可自搔"。况且背部瘙痒时，自己也常常鞭长莫及，"鸟爪"虽"锐长"，但也不至于因之"鞭长"而处处自由可及的。看见美女的男人，幻想用美女的"鸟爪"为自己搔背，这一想法混杂了性的幻想。就像穷酸书生会在夜晚幻想狐狸精变作美女，"红袖添香夜读书"一样，性幻想的普遍性可从古代诸多的狐仙故事中得到印证。搔痒问题和指甲、美女、性幻想等因素结合起来，就奇妙地组合成了"麻姑搔痒"的典故。

麻姑搔背是历代男性诗人都很喜欢用的一个典故，如诗中"十句九句言妇人酒耳"（王安石《冷斋夜话》）的李白就写道："明星玉女备洒扫，麻姑搔背指爪轻。"（《西岳云台歌送丹丘子》）其他的例子也所在多有，如"杜诗韩笔愁来读，似倩麻姑痒处搔"（杜牧《读韩杜集》），"直遣麻姑与搔背，可能留命待桑田"（李商隐《海上》），"只愁今夜里，少一个长爪麻姑搔背眠"（孔尚任《桃花扇》）。也有道德家提醒说，不要一见到美女的细甲，就联想起搔背："道成若见王方平，背痒莫念麻姑爪。"（苏辙《赠吴子野道人》）

这一主题在近现代的诗作中也不断出现。蔡元培《书纨扇诗》中有这样的诗句："能娅石笥文心古，最怕麻姑指爪长。"陈寅恪也写道："愿比麻姑长指爪，傥能搔着杜司勋。"（《甲午春朱叟自杭州寄示》）胡适在求学时代第一次造访女宿舍

日本画家鸟居清广所作
《修剪指甲的恋人》

大概此时的情人之间，
不需要以搔背来寄托幻
想了。

后，在给好友任鸿隽的一首诗中写道："何必麻姑为搔背，应有洪崖笑拍肩。"（江勇振《舍我其谁：胡适》引）"拍洪崖肩"也是著名典故，大致是修仙成道的意思。晋人郭璞《游仙诗》就说："左揖浮丘袖，右拍洪崖肩。"胡适去了女生宿舍，看到女生，似乎有了些萌动的性幻想，于是赶紧提醒自己，不要看到美女就想着搔背，应该向洪崖先生看齐，努力修炼读书。

活脱脱一幅青春期男生的心理画像！

二

蚊：怎一个恨字了得

夏虫种类很多，鸣蝉、蜻蜓等都在可说之列，鲁迅先生的文章《夏三虫》谈了蚤、蚊、蝇。虱蚤不必夏日才有，而蚊蝇则确是人类在夏日所专享的冤家。夏天苦恼的事很多，居首位的恐怕就是蚊子了。虱蚤与蚊子虽不是近亲，但却有着共同的事业——专以吸血为己任。民国时期的报刊中，流行着一份有趣的《蚊虱跳蚤臭虫之合同》，蚊子、虱子、跳蚤和臭虫一起成立了当时还属新事物的股份公司，并推举跳蚤为总经理，虱子为副经理，蚊子为跑街，臭虫为管账先生。文字虽属戏谑，但颇能体现它们各自的特点和安危休戚一致的关联。尤其在夏天，饥蚊饿虱总会一齐光顾，令人苦上加苦，如宋代朱敦儒所说："饥蚊饿蚤不相容，一夜何曾做梦。"（《西江月》"穷后常如囚系"）宋代黎廷瑞亦有诗曰："馋蚤既跋扈，饕蚊复纵横。"（《连雨郁蒸夜不能寐》）真令人胆战心惊。

蚊子之可恨

蚊子至少在1.9亿年前便在地球上出现了，目前最早的实物证据，是在加拿大和缅甸发现的蚊子琥珀，大概在8 000万年至1.05亿年之间形成。所以恐龙的敌人并非只有虱子，蚊子及其他昆虫亦是要命的威胁："通过使用致命武器，具备叮咬能力的昆虫便是食物链中的顶级猎食者。"（[加]蒂莫西·C.瓦恩加德《命运之痒：蚊子如何塑造人类历史》，王宇涵译文）在小说《侏罗纪公园》中，科学家正是在琥珀中的蚊子身上提取到了恐龙的血液，由此获得了恐龙的DNA，才重新培育出了恐龙。

在《命运之痒：蚊子如何塑造人类历史》一书中，作者开篇就抛出了一系列令人战栗的数字：现在地球上共有110万亿只蚊子，堪称世界上最致命的人类杀手。2000年以来，平均每年因蚊子而死亡的人口为200万人，位居所有死因第一名。在人类历史上，被蚊子杀死，也是人类的头号死因，大概占人类历史总人数的一半，换算成数字，在人类存在的20万亿年中，估计共有520亿人因蚊而死。作者在这一串数字后总结说："蚊子始终以死神、人类收割机及历史变革终极代言人的身份，出现在历史前沿。"当然，这些数字是通过一些科学模型推测而来，或有夸大之嫌，比如说会把与蚊子相关的传染病所引发的死亡，都算在蚊子头上，如疟疾、黄热病、伤寒、黑死病等。但无论如何，蚊子都是对人类生存的一种极大挑战。J. R. 麦克尼尔就说："也许，蚊子的存在是对我们人类自尊心的一次粗暴打击。"（《命运之痒》引）英国作家 D. H. 劳伦斯在《蚊虫》一诗中，称蚊子为"带翅的胜利之神"：

> 但我现在知道你玩的把戏了，你这变化多端的巫师。
>
> 奇了怪了，你竟然能够在空中潜行、逡巡
>
> 转着圈子，躲躲闪闪，把我笼罩
>
> 你这个展着飞翅的食尸鬼
>
> 带翅的胜利之神。（欧阳显译文）

蚊子虽属微物，也并非只干扰个人的生活，有时也关乎历史的转折。蚊子喝了一个人的血之后，又去喝别人的血，如此便容易传播疾病。关于古罗马灭亡的原因有很多，但其中之一就与蚊子传播的疟疾有关。陶秉珍《昆虫漫话》就提到："当罗马为扩张国土而远征阿拉伯、阿非利加洲的时候，曾俘虏了许多土人回来，不料无形中就播下衰亡的种子。这些土人中，有不少害着恶性疟疾，这病就由蚊传播到罗马民族间。于是刚健好武的罗马民族渐渐衰弱，而罗马国也同落日般一忽儿灭亡了。"

蚊子曾保护过罗马不受外侵，但后来也加速了罗马的灭

中国旧时的抗疟海报

"看，一匹白马：骑在马背上的是死亡。地狱将接踵而至。"《圣经·启示录》天启四骑士中，白马骑士象征着死亡。

亡。蒙古铁骑之所以未能踏平欧洲，在某种程度上也是由于蚊子建构了坚固的防线。哥伦布进入美洲后，也将疟蚊与伊蚊带了进来，从此成为美洲大杀手。但后来，蚊子所传播的黄热病和疟疾，又成了赶走殖民者的强大力量，促成了美洲的革命和独立。J. R. 麦克尼尔在《蚊子帝国：大加勒比海地

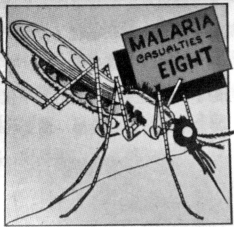

"你的组织准备好与两个敌人作战了吗？"

"二战"期间美国宣传海报，"两个敌人"指敌军士兵与蚊子。

区的生态与战争（1620—1914）》一书中说："在18世纪70年代之前，蚊子一直是美洲地缘政治秩序的基础。而在18世纪70年代后，蚊子又将这一基础逐渐破坏，使美洲迎来独立国家的新时代。"（《命运之痒》引）

贾雷德·戴蒙德的《枪炮、病菌与钢铁：人类社会的命

JARED DIAMOND

GUNS GERMS & STEEL

A short history of everybody for the last 13,000 years

Over One Million Copies Sold

［美］贾雷德·戴蒙德《枪炮、病菌与钢铁：人类社会的命运》1998 年英文版（二十周年纪念版）封面

运》也谈到在欧洲对非洲和美洲的殖民扩张中，蚊子及其所传播的疾病所起到的关键作用。在该书二十周年纪念版的封面上，就使用了两颗子弹、一只蚊子和一枚钢螺母来表示枪炮、病菌与钢铁。

在人类大规模流动成为常态化之前，一个局部区域内的人在长久的生存中与周围环境达成了和谐，尤其是慢慢建立起来的对于传染病的免疫力。当人口流动加剧之后，人和动物身上所携带的传染病就会在不同地域间传播，蚊子是最重要的传播媒介。但同时，外来者也很难一下子适应新到之地的疾病，因为畏惧死亡而逃离此地，蚊子此时也就成了地方的保护者。

托马斯·阿特金森，被称为"旅行家中的旅行家"，通过足迹向人类展示了许多惊人的景观。在旅行中，他克服了无数的困难，不畏惧峡谷和悬崖、激流与风暴、酷热与霜雪、野兽与强盗，但还是被一个强大的敌人——蚊子击败了："他毫无隐瞒地说出了自己对蚊子的臣服。在所有生物之中，只有这种叮人的小虫子能激起他的恐惧，让他鼓不起直面的勇气。"（[英]菲利普·亨利·戈斯《博物罗曼史》，程玺译文）

汉代《东方朔传》记载郭舍人与东方朔进行射覆比赛。郭舍人问："客来东方，歌讴且行。不从门入，逾我垣墙，游戏中庭。上入殿堂，击之拍拍，死者攘攘，格斗而死，主人被创。是何物也？"东方朔答："长喙细身，昼匿夜行，嗜肉恶烟，掌所拍扪。臣朔愚戆，名之曰蚊。"蚊子的特征独特而明显，让人容易猜出来。民国时期有位二年级的小学生作了一则谜语，也十分形象："长脚少年郎，夜夜做文章。口吃大红酒，一掌见阎王。"（顾庆穗《谜语：蚊子》，《儿童之友》

华君武《"你看，这些蚊子总是跟着她们，谁叫她们露这么一大块肉呢？"》

《西风》1936年第1—6期

1924年第1期）晋代傅巽的《蚊赋》说蚊子：

> 肇孟夏以明起，迄季秋而不衰。众繁炽而无数，动群声而成雷。肆惨毒于有生，乃餐肤体以疗饥。妨农功于南亩，废女工于杼机。

从夏至秋，飞动无数，声音如雷，残害众生，滋扰生灵，实在找不出比蚊子更令人可恼可恨的生物了。唐代诗人吴融的《平望蚊子二十六韵》，简直就是一部人类遭受蚊子困扰的血泪史：

> 天下有蚊子，候夜嘬人肤。平望有蚊子，白昼来相屠。
>
> 不避风与雨，群飞出菰蒲。扰扰蔽天黑，雷然随舳舻。
>
> 利嘴入人肉，微形红且濡。振蓬亦不惧，至死贪膏腴。
>
> 舟人敢停棹，陆者亦疾趋。南北百余里，畏之如虎䝞。

蚊子白昼相屠，风雨无阻，来时遮天蔽日，人人避之不及，如遇虎䝞，简直就是丧尸片中才有的场景。

齐白石所画蜘蛛与蚊子

在中国古代文学史中，憎蚊是个很热闹的主题，大抵文人们到了夏天都忍不住要写上几篇。像欧阳修，就写过好多篇，如《憎蚊》诗、《憎蚊赋》等，好友梅尧臣作了《聚蚊》诗，欧阳修还唱和起来，写了《和圣俞聚蚊》。另外他还写过《憎苍蝇赋》。叶梦得在《避暑录话》中说，欧阳修作《憎蝇赋》《憎蚊赋》皆是有感而发："欧阳文忠滁州之贬作《憎蝇赋》，晚以濮庙事，亦厌言者屡困不已，又作《憎

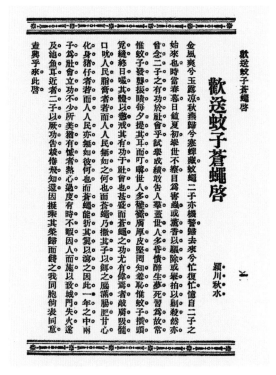

颍川秋水《欢送蚊子苍蝇启》

《红玫瑰》1924 年第 1 卷第 8 期

蚊赋》。苏子瞻扬州题诗之谤，作《黠鼠赋》。皆不能无芥蒂于中，而发于言，欲茹之不可，故惟知道者为能忘心。"稍需补充的是，叶氏所说《憎蚊赋》是诗而非赋，《憎蝇赋》也是作于濮庙事起之年。诗人借物言志，"不平则鸣"，乃是中国文学的传统。其他的长篇作品，还有南宋虞允文的《诛蚊赋》，明代方孝孺的《蚊对》、杨慎的《破蚊阵露布》、陈继儒的《憎蚊赋》，清代董以宁的《讨蚊檄》、龚肇权的《虮弹蚊封事》、蔡云万的《讨蚊檄》等。晚清、民国时期亦有不少此类作品，如署名颍川秋水所作的《欢送蚊子苍蝇启》等。亦有歌颂蚊子的作品，南宋杨慈湖作《夜蚊》诗，极力赞誉蚊子，谓其"入耳皆雅奏，触面尽深机"，自古憎蚊者多，而誉蚊者绝少，况且慈湖先生还"誉蚊而贬人"。清代褚人获在《坚瓠集》中就分析说："慈湖主张象山之禅学，一时从其学者甚少，故愤而发此言耳。"似乎是故作惊人之语。

蚊子的哼哼

蚊子最可恨之处，在于对人无休止地骚扰，喝血还在其次。《庄子·天运》说："蚊虻嘬肤，则通昔不寐矣。"这想必是每个人都曾有的无奈的经验。

夜里睡觉，蚊子如雷的轰鸣声不绝于耳，搅得睡意全无，起来发誓要与蚊子决一死战。但扑打一阵后，"虽能杀一二，未足空其群"（［元］方一夔《夜坐苦蚊》），筋疲力尽，睡意渐浓，于是心里默默放弃了抵抗，就让蚊子饱餐一顿吧，与那几滴血相比，还是睡觉要紧。常与蚊子搏斗的鲁迅先生由此感叹："我已经瞌睡了，懒得去赶他，我蒙胧的想：天造万物都得所，天使人会瞌睡，大约是专为要叫的蚊子而设的……"（《集外集拾遗补编·无题》）

五代时期南唐的杨鸾想必是夜夜受困于蚊子，但又徒呼奈何，从他的诗里能听得出一副十分委屈可怜的哭腔：

［南宋］佚名《竹树驯雀图》及食蚊局部
台北"故宫博物院"藏

> 白日苍蝇满饭盘，夜间蚊子又成团。
>
> 每到更深人静后，定来头上咬杨鸾。(《即事》)

较之叮咬和吸血，鲁迅先生最受不了的是蚊子的哼哼。他在《夏三虫》中之所以把四季都会有的跳蚤拿来写，其用意就是拿跳蚤与蚊蝇作对比。跳蚤虽然可恶，但算得上是有修养的坏蛋——只是默默地喝血，还能留给人一片清静，但蚊蝇则嗡嗡乱叫，让人心神俱乱，片刻不得安宁：

> 跳蚤的来吮血，虽然可恶，而一声不响地就是一口，何等直截爽快。蚊子便不然了，一针叮进皮肤，自然还可以算得有点彻底的，但当未叮之前，要哼哼地发一篇大议论，却使人觉得讨厌。如果所哼的是在说明人血应该给它充饥的理由，那可更其讨厌了，幸而我不懂。(《华盖集》)

其实蚊子的声音也有人懂，英国伦敦会传教士麦嘉湖在中国生活五十多年，不但对中国语言和文化素有研究，对中国的蚊子也堪称精通。他能分辨出蚊子的两种声音："一种是寻找猎物时发出的'嗡儿嗡儿'的声音，好奇而急躁。一种是饱餐之后发出的声音，满意而缓慢，有点像表示吃饱喝足之后发出的充满感谢的'嗡嗡'声。"(《清朝的蚊子及如何对付

它们》，邱丽媛等译文）

　　鲁迅先生在这里对跳蚤表达的敬意和对蚊蝇的仇恨，在早一点的另一篇文章《无题》中也提到了，说得更为生动形象：

　　　我熄了灯，躲进帐子里，蚊子又在耳边嗡嗡的叫。

　　　他们并没有叮，而我总是睡不着。点灯来照，躲得不见一个影，熄了灯躺下，却又来了。

　　　如此者三四回，我于是愤怒了；说道：叮只管叮，但请不要叫。然而蚊子仍然嗡嗡的叫。

　　　这时倘有人提出一个问题，问我"于蚊虫跳蚤孰爱？"我一定毫不迟疑，答曰"爱跳蚤！"这理由很简单，就因为跳蚤是咬而不嚷的。

　　　默默的吸血，虽然可怕，但于我却较为不麻烦，因此毋宁爱跳蚤。在与这理由大略相同的根据上，我便也不很喜欢去"唤醒国民"。（《集外集拾遗补编》）

　　纨绔公子薛蟠作过一个"哼哼韵"，其中有句："一个蚊子哼哼哼，两个苍蝇嗡嗡嗡。"（《红楼梦》二十八回）也算是形象生动，至少不比如今的那些"老干体"古诗差。

　　每次站到讲台上，我都会想起鲁迅先生的这段话，害怕

兒 歌

蚊子嗡嗡嗡

青子

蚊子嗡嗡嗡，
好比一羣小頑童.
黑夜不睡覺,
白天不做工,
只是嚷着壞喉嚨.
拿起扇子一陣趕,
便趕得你們無影無蹤.

青子《儿歌：蚊子嗡嗡嗡》
《小朋友》1928 年第 327 期

自己无聊的哼哼打扰了听者的耳朵。我们平日见惯了在讲坛或会议上的各种哼哼，无知和无聊的聒噪确实能让人发狂。在噪音充斥的时代，清醒者是希望尽量保持沉默的。在以无知为高尚的环境里，沉默才是最伟大的声音。在这一点上，跳蚤就是榜样。

也有少量的异数喜欢听蚊子的哼哼，觉得蚊子的歌唱"是非常幽雅动听的"，他们认为如果蚊子不咬人的话，人们简直可以像蓄养蟋蟀那样来养蚊子了："蚊虫，不但会唱歌而且能鉴赏音乐。要是你于黄昏的时候，在蚊虫多的地方，吹起幽雅的箫来，就有许多蚊虫碰上你的嘴边、手头，飞来飞去，一面嗡嗡咽咽，像是和唱一般。"（余斌《爱听吹箫的蚊子（记事）》，《常识画报：中级儿童》1936年第34期）

蚊子的哼哼虽然可厌，但在咬你之前，高调预警，叮咬之后，凯旋而歌，也算是光明正大的枭雄，总也好过两面三刀害人于无形的伪君子。（李子温《谈蚊子》，《纯泉》1936年第4期）有一首赞美蚊子声音的诗：

> 人们痛恨你，
>
> 因为你吮吸人们的血。
>
> 然而人们也相当地尊敬你，
>
> 觉得你究竟是
>
> 一条敢作敢当的好汉呵！
>
> 可不是吗？——
>
> 你不但没有使用无声的武器，
>
> 而且在事前呜呜呜，
>
> 仿佛对人说：
>
> "准备着，我要来咬你了！"
>
> 事后也呜呜呜，

仿佛在拍着胸脯说：

"这完全是老子干的！"

（任钧《蚊子》，《书报精华》1946年第21期）

这首虽是首打油诗，但生硬执拗的"创新"确乎与众不同。还有人连带着欣赏起蚊子的仪态来，认为那是非常美丽的："娇弱的仪态，精致的色泽，且戴了长长的羽毛头饰，使我们回忆起齐菲尔特寓言中所夸耀的那些神情来。"（尼纳·威尔科克斯·普特南《漫谈蚊子》，《时与潮副刊》1947年第8卷第3期，杨彬译文）此类作者若非故作奇怪之论，就定是受到了什么刺激，开始胡言乱语了。

蚊虫有季节性，夏天为多，冬天则少。春天气候渐暖，蚊虫开始出现，人们对这些敌手竟也会发散出些许久违的惊喜："春夜一二蚊蚋飞，久不见之尚可喜。"但旋即想到入夏之后蚊虫的骚扰和折磨，又会发出一阵恐惧的寒颤："而今稍喧来聒人，向后更暖奈尔嘴。"（梅尧臣《二月雨后有蚊蚋》）

秋日蚊子渐少，所以韩愈诗曰："朝蝇不须驱，暮蚊不可拍。蝇蚊满八区，可尽与相格。得时能几时，与汝恣啖咋。凉风九月到，扫不见踪迹。"（《杂诗四首》其一）九月凉风肃杀之下，蚊子就不见踪影了，但作垂死挣扎的蚊子哪怕只有一只，也会成为恶梦。清代钱泳说："客中夜宿，秋蚊未靖，虽悬幛子，倚如长城，而一蚊阑入，则不寐通宵。"他有感而发，作诗一首："十年落魄未成归，心事如云澹不飞。一个秋蚊缠客梦，半窗残月冷宵衣。拟留诗卷才难副，欲薄功名计亦非。惟有一封凭去雁，为传亲故莫相讥。"（《履园丛话》）秋蚊入帐，残月半窗，灯摇旅思，虫语愁肠，令人心骨俱冷。

夜间蚊子的喧闹实在是恼人，但一个孤寂难眠的人，是不是因为蚊子的萦绕，而有了些被陪伴的幻觉呢？小林一茶说："下一夜下下一夜……同样是一个人在/蚊帐内。"他还写了其他微虫的孤独："一人，一蝇，一个大房间。""对于虱子，夜一定也非常漫长，非常孤寂。"孤独的人类，因有了蚊子，还有点半个知己尚存的幸运：

> 成群的蚊子——但少了他们，却有些寂寞。

> （《这世界如露水般短暂》，陈黎、张芬龄译文）

驱蚊手段种种

自人类诞生始，蚊子就是人类无法摆脱的敌手，人类和蚊子之间是一场恒久的战争。前引吴融的《平望蚊子二十六韵》中说："人筋为尔断，人力为尔枯。"可以想象他说这话时牙根都恨得痒痒。人类绞尽脑汁，穷尽一切方法来驱除蚊子，但收效难说满意。

烧蚊烟

香料有很多用途，其中之一就是用来驱除蚊虫。古人焚香、焚烧艾叶、菖蒲、浮萍等，或者佩戴香囊来驱蚊除疫。许多植物都能用作辟蚊利器，明代张岱《夜航船》中提到的就有荠菜花、荆叶、麻叶、苦楝子、柏子、菖蒲等："三月三日收荠菜花茎置灯檠上，则飞蛾蚊虫不投。""荆叶辟蚊，台葱辟蝇。""麻叶可辟蚊子。""辟蚊及诸虫，以苦楝子、柏子、菖蒲为末，慢火烧之，闻者即去。"陆游《熏蚊效宛陵先生体》诗云："泽国故多蚊，乘夜吁可怪。举扇不能却，燔艾取一快。"元末明初诗人蓝仁《效冯老泉咏西山蚊虫》诗云："林壑饥蚊响似雷，成群作队夜深来。道人传得希夷睡，烧尽葭烟一束灰。"蒲松龄的《驱蚊歌》也说："炉中苍术杂烟荆，拉杂烘之烟飞腾。"

五月初五端午节是春夏交替时节，许多辟蚊虫的活动都在此时进行，在端午节的许多活动中，焚香除蚊是一项很重要的事。唐孙思邈的《千金月令》说，在端午节"取浮萍阴干，和雄黄些少，烧烟去蚊"。宋代的《格物粗谈》提到：

"端午时，收贮浮萍，阴干，加雄黄，作纸缠香，烧之能祛蚊虫。"张岱《夜航船》也提到端午的这一活动："水中浮萍晒干，熏蚊子则死。""五月五日，取田中紫萍晒干，取伏翼血渍之又晒，又渍数次，为末作香烧之，大去蚊蚋。"

用来驱蚊的食材也有，且举两例。比如迷迭香就有很好的驱蚊效果，五代李珣《海药本草》对迷迭香如此记载："迷迭香，味平，不治疾。烧之祛鬼气，合羌活为丸散，夜烧之，辟蚊蚋。此外别无用矣。""此外别无用"，看来迷迭香就是为驱蚊而生的。据说迷迭香是从西域移植而来，芳香甚烈，乃驱蚊之利器。

平日常吃的荠菜也有驱蚊之功效。明代胡濙的《卫生易简方》记载："清明日，日未出时采荠菜花枝，候干。夏间做挑灯杖，能祛蚊。及取花，阴干，暑月置近灯烛，令蚊蛾不侵，故名护生草。"《夜航船》也说："护生草，清明绝蚤取荠菜花茎，阴干，暑月作挑灯杖，能令蚊蛾不至。"护生草就是荠菜的别名。荠菜放置在席子下面，也能起到驱除蚊虫之作用。清代吴仪洛的《本草从新》言："荠菜，甘，温……花治久痢，辟蚊蛾（布席下，辟诸虫）。"

驱蚊焚香时为了制造出更多的烟，有时会在其中加入

［南宋］李嵩（传）《焚香拨阮图》及局部
台北"故宫博物院"藏

一些能出浓烟的配料。当然，或许是出于成本的考虑，高档香草毕竟太贵重。明代谭贞默的《谭子雕虫》说："蚊性恶烟，旧云以艾熏之则溃。然艾不易得，俗乃以鳗、鳝、鳖等骨为药，纸裹长三四尺，竟夕熏之。"孔尚任的《节序同风录》说，五月初五，"收浮萍，晒干，加楝树花、团鱼骨、砒霜少许，共研为末，烧一次，七夜无蚊"。张岱在《夜航船》中还说，用干鳗鲡骨烧烟驱蚊，可令蚊子"化为水"。烧动物粪便，产生的烟也有驱蚊效果。如骆驼粪，"驼烟杀蚊，犀火照怪"（［清］阮葵生《茶余客话》）。焚烧驼粪烟，也可杀蚊虫壁虱。还有蝙蝠粪，"烧蝙蝠屎，可辟蚊子"（《夜航船》）。焚烧鱼骨及其他能制造烟的东西，倒是弄出了更多的烟雾，蚊虫或能驱走，却不知屋内之人感受如何。

烧蚊烟的方法一直沿用到现代。周作人在《蚊子与白蛉》中就提到了烧蚊烟，他在文中如鲁迅先生那般也先抱怨了一番蚊子的哼哼：

> 最讨厌的乃是蚊子，特别是在乡下的旧式房屋里，每到夏天晚上蚊子必要做市，呜呜的叫声聚在一处，简直响得可以，蚊雷蚊市的意义到那时候真是深切的感到了。你到屋里去，蚊子直与你的眼泡相撞，嘴如不闭紧，便可以有几匹飞下喉咙去。这时大做其蚊烟，不久也把大部分熏出去了，睡时顾不得炎热，钻进帐子里去。

丰子恺有一幅很有名的漫画《打蚊烟》，生动逼真。母亲打蚊烟，姐姐扇扇子，弟弟在一旁熏得眼泪直流。丰子恺在《端阳忆旧》中也提到：

> 我幼时……我乡端午节过得很隆重……我的母亲呢，忙于"打蚊烟"和捉蜘蛛：向药店买一大包苍术

丰子恺漫画《打蚊烟》

　　白芷来，放在火炉里，教它发出香气，拿到每间房屋里去熏。

　　丰子恺的文字充满温情，烧蚊烟也可以是极美的画面。小林一茶的俳句："她烧着蚊子……纸烛下，心爱的她的脸庞。"(《这世界如露水般短暂》，陈黎、张芬龄译文)据说这是小林一茶难得一见的情诗，"她"是一位萍水相逢的女子，情人眼中出西施，哪怕西施正在烧杀蚊子。

烧蚊烟确实也是日本的传统。日本曾流行一种叫"蟙"的草束，点燃后驱蚊。"蟙"以破布作芯，外面裹缠上稻草或艾蒿，燃后浓烟四散，用于驱蚊。又或将草束放入竹筒，侧面开一排烟孔，放置田间。这个竹筒还有迷你型版本，割草的女人将之挂在腰间，除驱蚊外也能赶走危险的野猪。"蟙"烧出的烟味很浓。"蟙"亦叫作"笼"，东京等地形容焦糊味时就说"笼臭味"，即来源于此。（［日］早川孝太郎《里山异兽谭》）

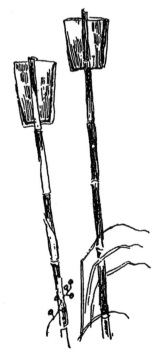

日本驱赶蚊虫所用的"蟙"

蚊子雖爲最爾小虫，但其害人之健康，却非同小可，五洲各種蚊香，含除蟲素成分特多，功效居一切蚊香之上，售價公道，燃點比一切蚊香經濟。

五洲大藥房出品

本埠各鴉支店及各煙兌店均有售

蚊子

擾人睡眠……可惡
叮咬皮膚……可痛
傳染瘧疾……可怕

五洲 地球蚊香

每裝二盒 十盤	每盒大四分售角	每盒中三分售角	小盒三角售

五洲 空心 蚊香

每裝大盒五十角	每小盒四十分售	每最大盒五角一元

蚊香广告

《时报》1914年7月10日　《新闻报》1917年6月5日　《新闻报》1939年7月8日

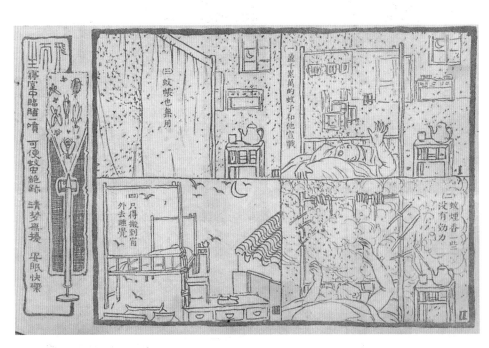

漫画《盈千累万的蚊子和他宣战》，左侧是"飞而生"灭蚊药水广告

《笑画》1923 年第 1 卷第 2 期

蚊烟也并非一直管用，蓝仁就说："蚊虫只为口如针，火劫烟攻退又侵。"（《效冯老泉咏西山蚊虫》）蚊子是团队作战，讲究策略，蚊烟烧不尽，烟退蚊又生。民国时期有人就感叹，南京的蚊子似乎进化了，不但不怕蚊香，也不怕烧乌龟壳。（白雁《苦笑随笔：二、蚊子》，《涛声》1933年第2卷第30期）

有人说牛仔裤的发明就和防蚊的动机有关，或者说实际上产生了驱蚊的效果。那是因为早期牛仔裤所用的蓝色染料是用蓝草提取的，这是种能驱蚊的香料植物：

"蓝草"泛指马蓝、蓼蓝、菘蓝、木蓝等数种可作为蓝染的植物；其中如马蓝的成分气味因具有忌避功效，也曾被人类适用于驱虫，以避免蚊虫叮咬。大概是因为防蚊的目的，使得牛仔裤的颜色大多以蓝色为主。

（李钟旻《都市昆虫记》）

蚊帐

目前为止，最好的防蚊利器应该还是蚊帐。刘熙《释名》说："帐，张也，施于床上也。"蚊帐在古代又叫作蚊帱、帷帐、床帐等。帐有多种材料和形制，一般用丝绸、兽皮、葛布等制成，冬天也可用来保暖，清代《老老恒言》中就说有一种纸帐，"大以丈许，名皮纸，密不透气，冬得其暖"。

［明］仇英《二十四
孝图·后汉黄香扇枕
温衾》中的蚊帐

"密不透气"在冬天属于优点，但夏天就要出人命了。后来
技术进步，出现了网眼状的蚊帐，在夏天使用，专用来防蚊
虫。唐薛能《吴姬十首》其五有句云："退红香汗湿轻纱，高
卷蚊厨独卧斜。""蚊厨"就是蚊帐。

显贵们不但睡觉时床上有帐子，就连如厕也有华丽的
绛纱帐。奢靡无度的石崇，"厕上有绛纱账大床，茵蓐甚丽，
两婢持香囊，则帝王之厕可知，岂比穷措大粪秽狼藉、蝇蛆

纵横者，而不可屈大将军一见乎？"（［明］谢肇淛《五杂组》）
所以说不是所有人都有能力购置得起蚊帐。唐代皮日休的
《蚊子》诗说："贫士无绛纱，忍苦卧茅屋。何事觅膏腴，腹
无太仓粟。"明代张大复的《梅花草堂笔谈》也说："编户之
民，多无卫蚊之具，故忍梦以就风。"蒲松龄给别人做塾师
时就抱怨说：

> 况今文风扫地，束脩甚是不堪，铺盖明讲自备，仅
> 管火纸灯烟，夏天无有蚊帐，冬里不管煤炭，搬送俱在
> 圈外，来回俱是自颠。（《学究自嘲》）

其中尤其提到夏天没有蚊帐，困苦可想而知，真是"文
风扫地"。没有蚊帐，倒是可以学学鲁迅先生，在《藤野先
生》中，他提到在日本时使用过一个驱蚊方法：

> 我先是住在监狱旁边一个客店里的，初冬已经颇
> 冷，蚊子却还多，后来用被盖了全身，用衣服包了头
> 脸，只留两个鼻孔出气。在这呼吸不息的地方，蚊子竟
> 无从插嘴，居然睡安稳了。

美国《纽约时报》前驻华首席记者哈雷特·阿班曾在中
国生活十五年。他提到在中国的防蚊方法，也是把身体罩
起来：

喜多川歌麿浮世绘画作《幌蚊帐》

　　每到傍晚来临的时候，蚊子就开始嚣张起来。晚上一般是没有办法在床上安心读书的，因为蚊帐外面的嗡嗡声，会把你搅得极不耐烦。傍晚时，如果我们在泰森斯医院打牌的话，为了不至于被蚊子吸干了血，每个人的脚上都要套上一个大枕头套，大腿也要装在里面，这样还不够，桌子的四个角上还要都点上蚊香。

（《我的中国岁月》，寿韶峰译文）

　　来华传教士可能从来没有见过中国如此多的蚊子，深受其扰，有些人发挥创造天才，发明了防蚊的工具。约翰·本杰明·鲍威尔就提到：

　　一位传教士真不愧是发明天才，由他发明的蚊袋在当时颇受人们的欢迎，它还出现在一家英国商店里。它是一个长方形的纱布袋，可以防止人们被蚊虫叮咬。它的使用方法很简单，只需把脚伸进袋中，在膝盖上面打结。一位美国朋友来拜访我，晚间我邀他留宿。糟糕的是，第二天一觉醒来，这位美国朋友的两脚掌心被蚊子咬肿了一大片，甚至无法走路。为此，我很是纳闷。后来，我从仆人那里得知：我的朋友个头太高，以至于睡觉时两脚伸到蚊帐外边去了，因而两脚被蚊子咬得红红的。（《我在中国的二十五年》，刘志俊译文）

夫言如微榮傳也兹勿謂玄漠靈鑒無象勿謂幽昧神聽無響無矜爾榮天道惡盈無恃爾貴隆者墜鑒于小星戒彼攸遂比心斯則繁爾類

[东晋]顾恺之《女史箴图》(唐摹)里的蚊帐

他的描述有些不清楚的地方，脚上穿了蚊袋，不是应该能保护好脚掌吗？或许蚊袋类乎睡袋一样，个子太高，一般尺寸的睡袋装不下，才造成了这样的后果。不论如何，外国人没见过中国的这种蚊阵蚊雷。

但蚊帐也非万全之策，范仲淹说蚊子"饱去樱桃重，饥来柳絮轻"(《咏蚊》)。蚊帐若是缝隙稍大，小的蚊子就能钻

入，暴食一夜，肚子浑圆如樱桃，真是令人印象深刻的比
喻。鲁迅先生也有过类似的遭遇：

> 早上起来，但见三位得胜者拖着鲜红色的肚子站在
> 帐子上；自己身上有些痒，且搔且数，一共有五个疙
> 瘩，是我在生物界里战败的标征。
>
> 我于是也便带了五个疙瘩，出门混饭去了。
>
> （《集外集拾遗补编·无题》）

就有人苦于夜里蚊帐内的蚊子总赶不出去，求教于朋
友，友人诧异地说，你把蚊帐封的死死的，蚊子还怎么能出
去？所以给出绝妙法子："那好办的很，你在蚊子进来的时
候，只消把帐子上剪了几个洞，让他们飞出去好啦。"真是

捉蚊帐内的蚊子

邓助康《可恶的蚊子》
附图，《新儿童》1943
年第5卷第6期

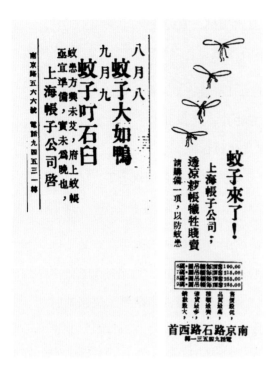

上海帐子公司广告
《新闻报》1942 年 8 月 5 日
（左），1943 年 6 月 5 日

醍醐灌顶，令人恍然大悟。

制作蚊帐的技术看似简单，实则大有讲究。缝隙大了不管用，缝隙小了不透气。大概古代制造蚊帐的技术瓶颈也在于此。张大复就说夏夜钻进蚊帐内，闷热无比，只能"弃帷而宵坐"（《梅花草堂笔谈》）。可能就是因为蚊帐太密闭，不能通风。钻进这样的帐子，蚊子估计也要被热死，谁能睡得下呢？

自从科学昌盛，且有了实验的手段，除蚊和驱蚊的手段就更加有效起来。有人研究了蚊子好恶的颜色，发现蚊子喜欢红、蓝、咖啡、黑等色，而不喜欢黄色和白色。所以，蚊帐也多采用白色，以此来让蚊子心生厌恶。（曹子林《儿童的科学：蚊子飞得多远？》，《儿童文化》1944年第1卷第3期）但在吃饱和审美之间，从蚊虫到人类的所有动物，恐怕都是要选择前者的。白色帐子之所以有效，恐怕还是因为它是帐子，而不是因为它是白色。

蚊帐内的蚊蝇也是一个特别的意象。阮籍《大人先生传》写道："先生以为中区之在天下，曾不若蝇蚊之着帷，故终不以为事，而极意乎异方奇域，游览观乐，非世所见，徘徊无所终极。"众人以为中原就是天下，大人先生则认为那不过是蝇蚊占据帷帐的那一小点地方。

扇子

扇子的功能，除了扇风降温，恐怕主要就是用来驱除蚊虫了。唐代袁光庭在安史之乱时任伊州刺史，被敌兵所困，固守数年，援兵不至，矢尽粮绝之际，手杀妻儿，自焚而死。袁光庭做官时就有好名声，"累典名藩，皆有异政"。他死后，唐明皇说："袁光庭性逐恶，如扇驱蚊蚋。"（［五代］王仁裕《开元天宝遗事》）

据说宋仁宗赵祯自小不喜欢穿鞋袜，宫内有"赤脚仙人"之称。他还有个本事，就是不惮寒暑："仁宗暑月不挥扇，以拂子驱蚊蝇而已。冬月不御炉。医者云，体备中和之气则然。"（[宋]孔平仲《孔氏谈苑》）体备中和之气，不假外力，就能应对外在的寒暑变化。但他还没有厉害到不怕蚊蝇的程度，尽管可以不用扇子降温，却还是需要手下用拂子来驱赶蚊蝇。

扇子驱蚊虽有效，人却需随时处于战备状态，时刻观察蚊子的动向，上下左右全覆盖扇动。而且扇扇子非常累，不一会儿就会胳膊酸疼，"纨扇不住手，摇动酸骨筋"（[元]方一夔《夜坐苦蚊》）。当然，有条件的富贵人家可以让别人来扇，欧阳修在《憎蚊》诗中就说"盘餐劳扇拂"，吃饭时请侍童扇扇驱蚊，但是"立寐僵僮仆"，累得僮仆困乏欲倒。扇扇子驱蚊的要诀在于扇子一刻不能停，稍有间歇，蚊子就会蜂拥而来，伺机报复："挥拂不敢停，得便时一嘬。"（[宋]周行己《蚊》）

亦有持扇而不摇的。据说孝子吴猛"夏月多蚊蚋，不摇扇……恐蚊虻去我，及父母尔"（《搜神记》）。这个头脑一根筋的孩子要是去给父母扇扇风岂不更好？

也有把扇子与巫术结合起来的做法，张岱的《夜航船》中提到："除夜五更，使一人房中向窗扇，一人问云：'扇恁么？'答云：'扇蚊子。'凡七问七答，乃已。端午日五更亦然。"

当然，蚊子多的时候，扇子也是没用的。宋刘克庄《又和南塘》说："麈挥那肯去，扇障不能遮。"宋孙应时的《和刘过夏虫五咏·蚊》更是哀叹："肉薄来如云，举扇谁能遮。"扇扇子驱蚊的结果终究也是放弃抵抗："闷杀终宵挥扇客，何辜千载露筋人。"（[明]苏仲《嘲蚊》）

巫术驱蚊

巫术就是巫师役使鬼神完成世间之事。蚊子骚扰不断，无计可施之际，人类自然也会想起利用巫术来驱除蚊虫。比较常用的方法是符咒。《夜航船》提到：

> 辟蚊子，咒曰："天地太清，日月太明，阴阳太和，急急如律令！敕。"面北阴念七遍，吸气吹灯草上，点之。

五月五日午时，眼望太阳，口吸太阳之气，口念咒语："天上金鸡吃蚊子脑体。"念咒完毕，凝神运气，对灯芯连吹七次，夜间将灯芯点燃，即可辟蚊虫。（《岁时广记》）

咒语乃是使用语言对鬼神发令，《太平经》说："天上有常神圣要语，时下授人以言，用使神吏应气而往来也。人民得之，谓为神祝也。祝也，祝百中百，祝十中十，祝是天上神本文传经辞也，其祝有可使神伇为除疾。"鬼神有其语言，传授给某些特异之人，也即巫师，以此沟通鬼神，消灾除病。

符乃发命令的信物，《释名·释书契》曰："符，付也。书所敕命于上，付使传行之也。亦言赴也，执以赴君命也。"巫师们借用其所代表的威严与力量，向鬼神发号施令。《夜航船》中提到去壁虱的符咒，纸上写"欠我青州木瓜钱"，将此纸"贴床脚，即去"。五月五日写"风烟"二字，贴在窗壁下，也可写"滑"或"白"，倒贴柱上，以辟蚊子。（胡新生《中国古代巫术》）奉化地区流行一种驱蚊法，在端午节正午，拿一张红纸，写上这样几句话："五月五日端午节，蚊虫门外歇；若要进门来，且过重阳节。"把红纸偷偷贴在屋子里，如此这个屋子就可免除蚊子的扰害。（戴甦《驱蚊子》，《少年》1925年第15卷第5期）

某地风俗，年三十夜，除了电灯油灯外，还要点上一支高大的蜡烛，燃至午夜；而在年初一晚上，则要及早熄灯睡觉，如此则这年夏天就没有蚊子了。这也算是巫术驱蚊法之一种。《物类相感志》中还提到一种避蚊法："于日蚀时用纸搓左股绳，先外搓合向里。月蚀时搓右股绳，先向内搓合向外。各长五张小尺，又可合作一绳如箸大。以此围卧处，则蚊不敢入。"

《点石斋画报》中记载广东某寺庙一位借宿道人运用法术除蚊：

> 广东某寺僧贫苦清修，持戒甚严。夏日有游方道士来求寄宿，僧虑荒刹湫溢，毒蚊甚多，一敝布幨，恐难应客。道士恳切告求，僧遂让榻款客，而己露宿他处。竟夕亦无蚊患，异而问之，道士笑曰："缘感慈悲，略用小术将蚊尽驱于后园竹叶上矣。"趋验之，果见数百竿叶上各栖一蚊，俱化文字。出谢道士，已不知何往，盖仙人也。闻蚊所栖之叶皆可避蚊，争购之，园竹为空，僧由是致富。（《点石斋画报·驱蚊神术》）

《点石斋画报》中还记录了永嘉县的一次驱除乌蝇的法事，场面浩大：

> 永嘉县所辖各村镇地方，近有一种乌蝇，贻害秧苗，甚于蝗虫。虫色黑质，轻细如秕糠。飞必成双，群附稻叶，专啮脂膏。农氏以手捕之，殊无灰末。闻有十八家、双屿山等处，曾因蝇患联名赴县，呈求牒请城

《点石斋画报·符术驱蝇》

隍，一面申文天师府务为驱除等因。最奇者有七都江样
地方，竟因乌蝇为患，谀专招致平阳符术师公高搭九
台。届期师公五六人，头缚红布，短衣白裤，左手挥
剑，右手执龙角，口中喃喃作声。将方桌四角护以毛
竹，其人盘旋而上，直至第九桌。即在桌上以两手握

竹，将九桌提起，离地三尺许，三起三落而桌不倾颓，
人始徐徐而下。其术如此，殊同儿戏，未知于田禾有益
否也？（《点石斋画报·符术驱蝇》）

文中没有提到驱蝇的效果如何，但从"其术如此，殊同
儿戏"的表述来看，恐怕没有什么效果。面对质疑，巫师们
也总有说辞：

> 昔人会禁蚊子，以符贴之，即无蚊虫。一人将几文
> 钱买符一章，归家，贴在壁上，其蚊虫更多。其人往告
> 卖符者，曰："你家毕竟有不到处，待我往你家一看便
> 知。"其人同归看之，卖符者曰："难怪，你家没有帐子，
> 要放在帐子里才好。"（[明]佚名《时尚笑谈》）

另一则笑话与之相似，看来在当时这是一个常说的
段子：

> 有卖驱蚊符者，一人买归贴之，而蚊毫不减，往咎
> 卖者，卖者云："定是贴不得法。"问贴于何处，曰："须
> 贴帐子里。"（[明]豫章醉月子《精选雅笑》）

曾于1890—1894年出使欧洲英、法、意大利、比利时
诸国的薛福成，看到西方格物之学大兴，胸中颇有波澜，激
发起内心"中国亦有"的情怀："格物为大学之始基，不仅西

人所尚也。"并在日记里罗列了中国的格致之学，所据"物性有相感相制之理"，类乎《物类相感志》所载，不外青阳木驱蚤、夜明砂辟蚊、楝木汁去蝇之类，他还提到："新造屋柱下四隅以败扇埋其下，则蚊不入屋。"他在详述中国物类相感的格致之学后，还感叹说："此皆物理之难测者，于以知多浅之未易言也。"（《出使英法义比四国日记》）看来西学也并未完全说服他。

动物驱蚊

蚊子的天敌包括水蝇、水生甲虫、蜻蜓、蚂蚁、鸟类、蝙蝠、蜥蜴、青蛙等。吉尔伯特·怀特在《塞耳彭自然史》中提到一种"捕蝇鸟"，他每天细细观察："它总站在一根竿子顶上，一见蚊虫，则飞身而下，将沾地不沾地之间，蚊虫即进了嘴，然后又耸身回到竿顶上。这样反反复复的，无虑若干回。"怀特善于观察，兼有博物家和诗人的眼光，满目生机盎然。怀特也提到燕子会消除蚊虫，称燕子为"最无害、最可人、最合群的益鸟"，它不染指果园中的水果，却"吃我们通风道里蚊子，和其他有害的昆虫，从而疏浚之，以解除我们的烦恼"。（缪哲译文）堪称中国蚊子专家的英国传教士麦嘉湖，认为蝙蝠是蚊子的天敌，是驱除蚊子的重要功臣：

蝙蝠是蚊子最大的天敌，不过它们更喜欢城市，因为城市里有很多寺庙和房子。夜里，它们进入蚊子聚集的村子里；黎明前，再次返回到城镇里或者是外国人聚居区。蝙蝠对蚊子的摧毁力如此强大，以至于中国人相信死蝙蝠可以祛除床上的蚊子。有时，人们还会在窗帘上缝上蝙蝠的标本。

（《清朝的蚊子及如何对付它们》，邱丽媛等译文）

其他驱蚊手段

据说古代有一种捕蚊灯，制作精巧，很有科学性。利用蚊虫趋光性和热气流上升的原理，用灯光吸引蚊子，等蚊子靠近，灯筒中的热气流就能把蚊虫吸进去烧死。《金瓶梅》中的潘金莲半夜起来用灯烧蚊子，似乎就是这类捕蚊灯：

那时正值七月二十头天气，夜间有些余热，这潘金莲怎生睡得着？忽听碧纱帐内一派蚊雷，不免赤着身子起来，执烛满帐照蚊。照一个，烧一个。（第十八回）

驱蚊的工具还有很多，或者说任何物件都可拿来追杀蚊子。蚊蝇飞舞之际，哪还顾得上用什么专门的器具，这时人人都成为武林高手，凡物皆可作武器。小林一茶的笔下，妻子拿着勺子去追打蚊子："凉爽天——我的妻子拿着杓子/追蚊子……"（《这世界如露水般短暂》，陈黎、张芬龄译文）杓子即勺子，大概是小林一茶的妻子正在做饭，见到蚊子就追赶了起来，幸亏蚊子没有落在小林一茶的头上。清代乐钧所著的《耳食录》中就记载了一个暴躁汉，拿着砧杵击打苍蝇，砧杵就是捣衣石和棒槌，也是日常使用的器具。苍蝇恰好停在其父亲的脑袋上，此人见此大怒，或许是救父心切，就用杵狠命槌之，但"父脑裂死而蝇飞去"。弑父是十恶不赦之罪，

《来帮我拍去些苍蝇……》
《笑画》1923 年第 1 卷第 2 期

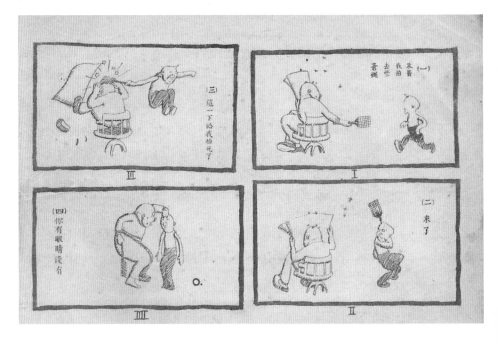

有司遂判极刑。痛哉惜哉！

灭蚊最直接最痛快的手段恐怕是一巴掌拍上去，以霹雳手段一击致命。"舍命不畏死，忽遭一拍碎。"（［宋］周行己《蚊》）拍过之后，手上、墙上留下一滩血，虽然肮脏恶心，但却有着复仇后的快感。张爱玲由此有个著名的比喻：

> 也许每个男子全都有过这样的两个女人，至少两个。娶了红玫瑰，久而久之，红的变了墙上的一抹蚊子血，白的还是"床前明月光"；娶了白玫瑰，白的便是衣服上的一粒饭黏子，红的却是心口上的一颗朱砂痣。
>
> （《红玫瑰与白玫瑰》）

真是点石成金的妙语。但整晚拍打蚊子也是很辛苦的："四壁人声绝，榻下蚊烟灭。可怜翠微翁，一夜敲打拍。"（［宋］华岳《苦蚊》）

其实，就算是无法拍死蚊子的搏空舞拳，也是有用的。"最近对专吸人血的埃及伊蚊的一项研究发现，它们会记住被猛击时的狂暴体验和相关气味，并在之后寻找更安全的猎物。"（［美］乔纳森·巴尔科姆《无敌蝇家：双翅目昆虫的成功秘籍》，左安浦译文）功不唐捐，被蚊子搅和难眠后发狂咆哮抽击也会让蚊子远离你，只是要坚持下去，别半途而废。

巨物易御，微物难防，再加上蚊子数量无穷，防不胜防，所以就这场战争的基本局势而言，人类在蚊子面前，是彻底的失败者。

总体而言，古代除蚊灭蚊的条件都是很有限的，就算皇帝老子也免不了被蚊虫叮咬，所以古人在长久的折磨中练就了高度的忍耐性，就像明恩溥在《中国人的气质》中所言："大多数中国人对那些普遍存在的动物寄生虫并不陌生，但即便完全意识到了寄生虫的危害，也很少有人意识到这种危害是可以预防的。用来阻挡那些可恶飞虫的蚊帐，就是在城里也很少有人使用，据我们所知，在其他地方就更为少见了。蚊蚋的确会让人感到不胜厌烦，用焚烧香草来驱除它们也偶尔能产生一些不太明显的效果，但是这些蚊虫在中国人那里引起的恼怒，却只是我们此类感觉的千分之一。"（刘文飞、刘晓旸译文）

美国社会学家 E. A. 罗斯在《变化中的中国人》中把这种忍耐力归结为免疫力的提高，蚊子叮咬外国人，他们难以忍受，但对中国人来说，却没什么太大的反应：

中国人口众多，环境拥挤，时常让人产生一种呼吸困难的感觉，在这样的环境里生活，具备一定的卫生常识是很有必要的，但是中国人对卫生知识的了解基本为零。从表面看起来，病菌更易入侵中国人的身体，事实恰恰相反，中国人的机体因为长期和它们对抗，免疫力反倒变得越来越强。许多外国人对此既惊讶又羡慕。要证实这一点并不难，可以找到很多事例。就拿蚊虫叮咬来说，凡是来中国不久的老外，被蚊子叮咬过的地方总会马上出现肿块，但中国人从来都是安然无恙；即使喝了不干净的河水，中国人也从未得过痢疾。(何蕊译文)

现代的驱蚊药出现之后，才大概有了摆脱蚊虫骚扰的可能性。

驱蚊药

自1940年代以来，人类创造了大量的杀生物剂，用以清除所谓害虫和杂草，虱子、跳蚤、蚊子、老鼠之类是重点对象。DDT（双对氯苯基三氯乙烷）堪称人类除虫史上最伟大的发明，其发明者——瑞士科学家保罗·赫尔曼·穆勒，也因此获得了诺贝尔生理学或医学奖。DDT据说有效且无害，最早使用于"一战"期间，喷洒到士兵、难民和战俘身上来祛除虱子；1945—1946年，日韩利用DDT成功治理了波及200万人的体虱大流行。([美]蕾切尔·卡森《寂静的春天》)民国时期，DDT也已传入中国，在这时期报刊中的一则笑话里，中国蚊子与外国蚊子相遇，中国蚊子问外宾，缘何放弃优越的生存条件，有福不享，要来中国。外国蚊子哭诉说，国外已流行使用DDT，世无宁日了。（牛克思《蚊子相声》，《海晶》1946年第13期）

然而蕾切尔·卡森也提到，杀虫剂使用的不良后果之一，就是让昆虫形成了耐药性，会出现对某类杀虫剂免疫的高级种类，要想消除这些新种类，人类就要加大杀虫剂的毒性，于是杀虫剂与昆虫之间便陷入了恶性循环之中。而那些

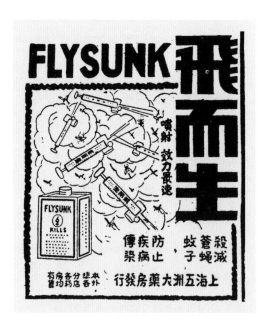

灭蚊子药广告
《新闻报》1931年7月22日

号称对人类及环境无害的杀虫剂，实际上会产生许多无法预知的危险。谁也无法确定杀虫剂的安全界限在哪里。在DDT成功消除虱子与蚊子之后，有关抗药性的物种随即出现。蚊子在和人类的进化竞争中，未来说不定还会出现无敌的品种。

舍身饲蚊

其实，蚊子从事的是自然界中最危险的工作之一："它的任务是接近一只警惕性高、有知觉、能拍打尾巴或拍手的大型哺乳动物。"长期的工作也练就了蚊子的机敏、勇气和胆识："如果蚊子太害怕被拍扁，那么大多数蚊子可能会饿死。"（《无敌蝇家：双翅目昆虫的成功秘籍》）

可能出于关怀蚊子物种的考虑，也不是所有人见到蚊子都欲除之而后快，反而有人愿意舍身饲蚊。南朝梁元帝萧绎的《金楼子·立言》中讲了一个关于齐桓公的故事：

> 白鸟，蚊也。齐桓公卧于柏寝，谓仲父曰："吾国富民殷，无余忧矣。一物失所，寡人犹为之悒悒。今白鸟营营，饥而未饱，寡人忧之。"因开翠纱之帱，进蚊子焉。其蚊有知礼者，不食公之肉而退；其蚊有知足者，

嘬公之肉而退；其蚊有不知足者，遂长嘘短吸而食之，及其饱也，腹肠为之破溃。公曰："嗟乎！民生亦犹是。"乃宣下齐国修止足之鉴，节民玉食，节民锦衣，齐国大化。

皇帝担心蚊子饥而未饱，所以悒悒不安，实在是虚伪的做作。果不其然，他让蚊子来咬自己，发现蚊子有知礼的，见到皇帝就不好意思下嘴了；有知足的，吃到七分饱就好了；也有不知足的，见了肥肉就吸食不止，最后落得腹肠破溃。皇帝由此悟出道理来，百姓要学会节制知足，于是颁布法令，教养民众，由此民风大化。大凡奢靡的权贵，都希望百姓能勤俭知足。

［南宋］吴炳《枇杷绣眼图》及局部
北京故宫博物院 藏

但历史中也确有抱持慈悲之心者，对于所有生物的饥馁困顿心生怜悯，佛陀以身饲虎就是显例。陆游一方面抱怨蚊子太多，要烧艾香来驱除，但另一方面也心有不忍："不如小忍之，驱逐吾已嗌。"（《熏蚊效宛陵先生体》）若不是在为自己的懒惰找借口，那就真是佛陀转世了。日本作曲家团伊玖磨说：

> 在别人眼里也许感到诧异，但是我看到蚊子逃走了，反而放心了。被蚊子叮得很难受，所以我会很不客气地轰赶它们，可是我不能打死蚊子。这是由来已久的。……每想到那一个个小小的身体就是一个个生命，觉得生命竟会如此神秘精巧，所以无法打死蚊子，而是选择自己逃离蚊子。（《烟斗随笔》，杨晶、李建华译文）

舍身饲蚊还有个例子是《二十四孝》中吴猛的"恣蚊饱血"：

> 晋吴猛，年八岁，事亲至孝。家贫，榻无帏帐，每夏夜，蚊多攒肤。恣渠膏血之饱，虽多，不驱之，恐去己而噬其亲也。爱亲之心至矣。
>
> 夏夜无帏帐，蚊多不敢挥。
> 恣渠膏血饱，免使入亲帏。

［明］仇英《二十四孝
图·晋吴猛恣蚊饱血》

　　这种愚孝的事，不但宣扬者多，仿效者也多。萧广济
《孝子传》中提到的一位叫展勤的人也类于吴猛："展勤少失
父，与母居，佣作供养，天多蚊，卧母床下，以身当之。"
英国传教士麦嘉湖的文章引用一幅图片，说是苏州卢泾一位
陆姓女为母亲驱赶蚊子，自己为蚊所食，死后被当地人立碑
以祀，奉为神明。

　　这些愚蠢的孝子不明白，天下并非只有一只蚊子。而且

麦嘉湖引用的饲蚊图片

据说蚊子喝血讲究血型和气味，就算孝子们心甘情愿去喂蚊子，蚊子却不一定喜欢品尝他们的愚钝血气。

而且，自愿喂蚊子，难保中途后悔，那种瘙痒难忍的感受，怕是修行极高的高僧大德也难坚持：

> 有一和尚发愿，以身血斋蚊。少晚，蚊虫甚多，痛

痒难忍，用手左右乱打。旁人问说："老师既然斋蚊，因何又打他？"僧曰："他吃过又来吃，我所以打他。"

（［清］石成金《笑得好》）

被尊为"秘鲁文学之父"的里卡多·帕尔马在《秘鲁传说》中记载了圣女罗莎与蚊子的故事。圣罗莎与蚊子签订了一份君子协定，她不去惊扰蚊子，蚊子也保证不去咬她，不乱嗡嗡。协定签订之后，蚊子只要进入圣女的房间，就会规规矩矩、老老实实地趴着。圣女起床后，对它们施令道："哎，小朋友们，去赞美上帝吧！"蚊子们就听话地开始哼哼起来。当圣女对它们说，去找食物吧，它们就便乖乖地四散飞入果园。到了晚上，圣罗莎会叮嘱说："睡觉去吧，朋友们，可要规规矩矩的，不许吵嚷。"蚊子们也都听话照做。（白凤森译文）这群听话的蚊子，似乎并非受到圣人气象的感化，倒像是签署了卖身为奴的不平等条约，未见获得什么好处，却是处处受到管控，束缚住了自己的尖嘴。

圣罗莎驾驭蚊子的手段高超。一位叫蒙托亚的修女害怕被蚊子咬，不肯进入圣罗莎的静室。或是为了展示自己与蚊子有契约的传说，或是忍受不了蒙托亚胆小的扭捏姿态，圣罗莎决定给她点小颜色看看：

"现在就让三只蚊子咬你。"圣罗莎说，"一只以圣父的名义，一只以圣子的名义，一只以圣灵的名义。"

话音未落，蒙托亚就感到三只蚊子叮她的脸。

以蚊子作为惩罚手段的事中国也有。古今悍妇妒妇，治理丈夫的手段花样百出。曾有某悍妇教训丈夫，惩罚他夜里顶水盆，这较之目前流行的跪搓衣板跪键盘之类，实在高明很多："夜以浴盆着水，使士服顶跪达旦，盛夏时但闻踯躅声终夜不绝，人于隙窥之，则为蚊虫所窘，两手掖盆不能扑，以双足数易而已。"（周作人《故事里的蚊子》引）。若是下跪，还可以闲出手来赶蚊子，但顶水盆时双手须臾不能松开，"手足不自救"（欧阳修《憎蚊》），

尼纳·威尔科克斯·普特南
《漫谈蚊子》插图
《时与潮副刊》1947年第8
卷第3期

蚊子正好趁火打劫，大快朵颐。这个可怜的丈夫只能整夜来回踱步！

尽管有人舍身饲蚊，但难保所有人都是不杀生的佛教徒，捕杀蚊子的事业人类大概还是会坚持下去，所以保护蚊子物种的重任就不能完全依靠人类了，还需蚊子们自强才行。于是，有文人写了一篇苦口婆心的《告蚊子》宣言，善意提醒蚊子，人类对付蚊子的手段和工具日渐进化，"恐怕再过几年，文明程度更高了，那灭种绝迹的惨祸，要降到你们全体身上了"。所以蚊子当改变进化之方向，变成不再以人类为敌、喝人血的族群，才能避免被人类彻底消除的危险：

> 蚊子蚊子，你们是二十世纪的蚊子，知识程度高了，所以我对你们有几句话说：人和蚊子原来都是生物，彼此只该相帮勿该互相残灭，只是因为你们，受了祖宗的遗传性，学了同类的榜样，欢喜吃我们人的血，所以人也要将你们拍灭。我如今好意对你们说，你们今后若是再要生存在世界上，赶快要换个生活，单靠着吃血是吃不活的。（张揆让《告蚊子》,《复旦》1920年第8期）

这种普度众生的情怀是足令佛祖动容的。

露筋女的传说

关于蚊子之可怖，最有名的传说恐怕就是露筋女的故事。江苏高邮有个露筋祠，为地方名胜，"露筋晓月"乃"秦邮八景"之一。露筋故事，最早出自唐代段成式的《酉阳杂俎》：

> 相传江淮间有驿，呼露筋。尝有人醉止其处，一夕，白鸟咕噆，血滴筋露而死。据江德藻《聘北道记》云：自邵伯埭三十六里，至鹿筋，梁先有逻。此处多白鸟，故老云：有鹿过此，一夕为蚊所食，至晓见筋，因此为名。

据说有人夜里醉倒野外，蚊虫叮咬一夜，血肉模糊，筋骨暴露而死。也有人说露筋本是"鹿筋"，有鹿被蚊虫叮咬，露筋而死。清人袁枚的《随园随笔》中还提到了"路金"之说："路金者，人名也；五代时将军，战死于此，故名。或云：有远商二人，分金于此，一人忿争不已，一人悉以赠之，其人大惭，置金路上而去。后人义之，以其金为之立祠，故名路金，讹为露泾。"

但后来流传更广的露筋故事是关于一位女子的。嘉庆

《高邮州志》记载：

> 露筋女，不知何许人。会有行役，与嫂俱抵高邮郭
> 外三十里。值天暮暑雨，蚊甚厉，托宿无所。道旁有耕
> 夫舍，嫂止宿焉。女曰："嫌疑宜避。"坚不就。竟以是
> 夜吮死舍外，其筋露焉。后人哀之，为立庙貌，遂名露
> 筋云。

某女与嫂子同行，夜至高邮城外，时值大雨，且野外蚊
子很多。嫂子借宿农夫舍，女子为避嫌而坚持不肯进屋，是
夜被蚊子叮咬，直至露筋，死后当地人立庙表彰其贞节。人
被蚊子叮咬致死，并非不可能，史籍中曾多有记载，宋时
《孙公谈圃》就说："泰州西洋多蚊，使者按行，以艾烟薰之，
方少退。有一厅吏醉仆，为蚊所嚼而死。"不过这些记载多
是传说。当今科学家已经证明，实际上蚊子抽干一个人身上
血的难度也是很大的，"除非身体某处被20万到2 000万只
蚊子叮咬，否则你不会死于失血"（[美]乔纳森·巴尔科姆《无
敌蝇家：双翅目昆虫的成功秘籍》，左安浦译文）。

故事由鹿筋变为露筋女，很难考索出其中转变的过程。
查慎行也曾说："高邮露筋祠本名鹿筋梁。相传有鹿至此，一
夕为白鸟所嗛，至晓见筋，故名。事见《酉阳杂俎》及江德

藻《聘北道记》，不知何时始讹为女郎祠也。"并作诗曰："古驿残碑幼妇词，飞蚊争聚水边祠。人间多少传讹事，河伯年年娶拾遗。"（况周颐《眉庐丛话》）

露筋女之类的故事，大概就是为了宣扬道德观而演绎出来的。所以露筋女的故事虽仅为诸说之一，但后起而独胜，历代文人骚客，尤其是道学家和政客们热衷于发挥，于是露

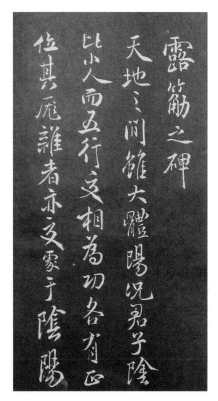

［北宋］米芾《露筋之碑》（局部）

筋女成为贞洁之代表。露筋女后来更是由烈女衍化为运河女神，成为露筋娘娘，有类于南方的妈祖，来保护沿河出行的平安。（谷亮《省级非物质文化遗产"露筋娘娘"传说形象考辨》，《文教资料》2018 年第 12 期）宋代书法家米芾写过《露筋之碑》，乾隆皇帝专门写了《题露筋祠》："烈女唐时传露筋，米襄阳志有佳文。若论茹苦冰霜操，画栋雕梁宁所欣。"

后来有关露筋女的诗文很多，清代王士禛有《再过露筋祠》："翠羽明珰尚俨然，湖云祠树碧于烟。行人系缆月初堕，门外野风开白莲。"陆以湉在《冷庐杂识》中评价此诗为"绝唱"："诗不即不离，天然入妙，故后来作者皆莫之及。"

看到露筋女声名高涨，有些酸腐的道学家们，开始为那位同行的嫂子懊悔起来了，如若嫂子也被蚊子咬死，今日岂不也万世留名？"阿嫂若能同一死，也留芳躅到于今。"（[清]谢开宠《露筋祠》）实在是毫无人性。女子在古代常是道德专制之对象，就像鲁迅先生在《我之节烈观》中所说的："节烈这两个字，从前也算是男子的美德，所以有过'节士''烈士'的名称。然而现在的'表彰节烈'，却是专指女子，并无男子在内。"令人胆寒的是，"这样风俗，现在的蛮人社会里还有"。而在时下，这类事似乎也层出不穷。一个正常人从中看到的尽是恐怖，而非美德，就如高邮人汪曾祺在《露筋晓月——故乡杂忆》中说的：

> "秦邮八景"中我最不感兴趣的是"露筋晓月"。我
> 认为这是对我的故乡的侮辱。
>
> ……
>
> 这是哪个全无心肝的卫道之士编造出来的一个残酷惨
> 厉的故事！这比"饿死事小，失节事大"还要灭绝人性。

歌颂露筋女的卫道士们，比起那些蚊子来更可怕，消灭
起来也更难。

露筋女所在之地高邮属江淮地区，多水泽，所以蚊蚋甚
多。谢肇淛《五杂组》说："京师多蝇，齐、晋多蝎，三吴
多蚊，闽、广多蛇。"周密《齐东野语》说："吴兴多蚊，每
暑夕浴罢，解衣盘磺，则营营群聚，嘬啮不容少安，心每苦
之。"湖州（吴兴）的豹脚蚊最有名。豹脚蚊，因名可知，其
脚有花纹，《尔雅翼·释虫三》说蚊子"生草中者，吻尤利，
而足有文彩，吴兴号为豹脚蚊子"。苏轼说"湖州多蚊蚋，
豹脚尤毒"（《次韵孙秘丞见赠》），怕是深有体会之言。他在另
一首诗中也说："溪城六月水云蒸，飞蚊猛捷如花鹰。"（《送
渊师归径山》）又说："风定轩窗飞豹脚，雨余栏槛上蜗牛。"
（《次韵周开祖长官见寄》）看来苏轼最忍受不了豹脚蚊的利嘴。

也难怪，豹脚蚊确实是最毒的一类，有人称"豹脚猛于鹰"
（[清]厉鹗《蘋州曲和鲍明府》其八）。湖州豹脚蚊的名气如此之
大，连皇帝也起了好奇心，于是有人收集几十只豹脚蚊进呈
皇上御览：

> 盖湖之豹脚蚊著名久矣。旧传崇王入侍寿皇，圣语
> 云："闻湖州多蚊，果否？"后侍宴，因以小金盒贮豹脚
> 者数十枚进呈。盖不特著名，亦且尘乙览矣。盖蚊乃水
> 虫所化，泽国故应尔。（《齐东野语》）

以现代的知识来说，水泽附近的蚊子多，主要是因为水
质有污染，美国社会学家E. A. 罗斯于1910年进入中国进行
考察，在他的记录《变化中的中国人》中，特别提到中国人
不太重视环境卫生，他认为这似乎与中国人看待问题的方式
有关：

> 中国人一向极少重视环境和物品的美观和卫生，这
> 点和日本人有着显著的差异。通常，人们对"中国"一
> 词条件反射般的印象是：石砌的道路坑坑洼洼，凹凸不
> 平，路面开裂倾斜严重；茅草屋破破烂烂，顶棚肮脏
> 腐烂；寺庙的屋顶向下凹陷，泥瓦上布满苔藓，祭坊屏
> 饰犹如一团乱麻；船舶用破烂不堪的草席搭建而成，根

本没有遮风挡雨的作用；在乡村，随处可见粪便、污水池、水泥坑。中国人似乎对创造优美环境，清洁、修补事物这类事情毫不关心。所以，很难在内地城市看到为居民休闲而建的花园或者草地，顶多寺庙内会种植一些树木。究其原因，或许跟中国人的思维方式有关，他们不关心眼前的小问题，也不担心小问题会演变成大问题，如果要费尽心思修葺、保护旧有事物，还不如重新做一个新的。（何蕊译文）

除湖州之外，还有一些地方因蚊子而出名，如四川的汉州，"蜀之蚊蚋惟汉州为最著"（〔宋〕范镇《东斋记事》）；江苏的泰州，"泰州西洋多蚊"（《孙公谈圃》）。尽管湖州蚊子多，但也有一地无蚊，就是江子汇，据说是因唐代云游道士马自然曾经泊舟于此所致。宋代钱信《平望蚊》诗云："安得神仙术，试为施康济。使此平望村，如吾江子汇。"就是期盼平望能如江子汇一样无蚊。其他无蚊的处所也不少。周密说："余有小楼在临安军将桥，面临官河，污秽特甚。自暑徂秋，每夕露眠，寂无一蚊。过此仅数百步，则不然矣。"（《齐东野语》）范镇提到："唐相房公琯作西湖，无蚊蚋及蛙声。"（《东斋记事》）明人陆容说："吾昆城半山桥人家，夏月不设蚊帐，而终夜无蚊。"（《菽园杂记》）

古人转述这些说法，常是作为神奇之事加以渲染。如褚人获的《坚瓠集》就列举了一些例子：

> 云南谓蚊为白鸟。环湖多蚊，而宝珠寺独无。梁元帝《金楼子》云：荆州高斋无白鸟。盖谓荆州李姥浦无蚊也。吾苏沙盆潭亦无蚊。扬州广陵驿对岸一店，屋三间，绝无蚊，而屋外天井不胜其多。祝理美言海昌泮宫前亦无蚊。

周密认为某地无蚊子的原因，似乎有"物理之不可晓者"。范镇提到西湖无蚊后，对于原因也是茫然无知，说"然不载蚊蚋之禁如何"。据传元代的答己太后在怀庆时，"恶闻蛙声，传旨谕之，蛙不复鸣"（《菽园杂记》），是否有效暂且不论，但昏头的君王们有这类想法倒是正常的。

据说有高人，人居室内，则蚊虫不入，清代王晫所撰的《今世说》中就记载吴郡叶林屋的奇事："吴郡叶林屋以选诗游四方，其弟尚从行。每同宿，共一布被。客云居山，夏月无帐，窗外聚蚊甍甍，至旦，卒无一飞入室中。其友朱若始过宿，尝之信，乃赋《能弟》诗赠焉。"清代的施闰章有《半峰庵访叶林屋》诗："寻君出南郭，古树寒春山。高馆就僧僻，片云留客闲。诗篇连几榻，旅食老江关。不共长干住，何由数往还。"看来叶林屋实非凡人。

人们对蚊子如此痛恨，以至于在构想理想国时就虚构了一个无蚊的乌托邦。唐代名相牛僧孺的《玄怪录》中讲述了这样一个故事。一位叫古元之的人，饮酒而卒，但后来却死而复生。谈及自己的"濒死体验"时，他说在昏迷之中，一位叫古说的远祖带他去了和神国一游。此和神国，简直就是一个世外桃源，气候温润，物产丰饶，人人不愁吃穿，尤为重要的是：

> 无蚊、虻、蟆、蚁、虱、蜂、蝎、蛇、虺、守宫、蜈蚣、蛛蟊之虫，又无枭、鸱、鸦、鹞、鸺鹠、蝙蝠之属；及无虎、狼、豺、豹、狐狸、蟊驳之兽，又无猫、鼠、猪、犬扰害之类。

任何乌托邦的建构，都是基于对现实的批判与反思，现实中蚊虻让人不堪其扰，在想象的乌托邦中，首先就要将其排除。

有蚊无蚊，估计也没什么玄妙之处，大概和环境密切相关。蚊虫近水为多，车马喧闹、油烟充斥的地方，蚊虫自然就会少一些。北宋汴梁著名的马行街就是这样的地方：

> 天下苦蚊蚋，都城独马行街无蚊蚋。马行街者，

都城之夜市酒楼极繁盛处也。蚊蚋恶油，而马行人物嘈杂，灯火照天，每至四鼓罢，故永绝蚊蚋。上元五夜，马行南北几十里，夹道药肆，盖多国医，咸巨富，声伎非常，烧灯尤壮观，故诗人亦多道马行街灯火。

（［宋］蔡絛《铁围山丛谈》）

近代来华的西方人，也由蚊虫指出环境的问题，美国著名记者约翰·本杰明·鲍威尔1917年来到上海，发现蚊子令人难以忍受：

当时，上海江河众多，河道纵横交错。潮水退却时，一汪又一汪的绿水发出难闻的味道，蚊虫因此滋生。面对此种境况，我们试想一下：倘若离开蚊帐，何人能安睡？点着蚊香，兴许还能驱逐蚊虫。如果不点蚊香，那么仆人就得往来于卧室之间，连续地向主人或客人的脚腕上喷煤油……几年后，人们堵塞了许多渠道和池塘，大大减轻了蚊虫的威胁。再后来，上海市政府高度关注蚊虫问题，并采取了一定的措施。政府当局在阴沟里喷洒油液，破坏了蚊虫滋生的环境。这样一来，蚊虫大大减少了，不过苍蝇仍旧很多。这些苍蝇成群结队地在后院和弄堂里的垃圾上飞来飞去，享受着食物。

（《我在中国的二十五年》，刘志俊译文）

蚊睫与鹤舞

蚊子乃微物，常被用作比喻，来讲各种道理。蚊子体型极小，但更有小于它的存在，汉代东方朔的《神异经》提到一种小虫，能藏于蚊翼之下，而蚊子却浑然不知："南方蚊翼下有小蜚虫焉。目明者见之，每生九卵，复未尝曾有瑕，复成九子，蜚而俱去，蚊遂不知。"

还有一种鹪螟，可以于蚊睫筑巢，故有"鹪巢蚊睫"的成语。《文选》中张华《鹪鹩赋》云："鹪螟巢于蚊睫，大鹏弥乎天隅，将以上方不足而下比有余。普天壤而遐观，吾又安知大小之所如。"李善注曰："《晏子春秋》景公曰：天下有极细者乎？对曰：有。东海有虫，巢于蚊睫，再飞而蚊不为惊。臣不知其名，而东海有通者，命曰鹪螟。"

古人善用大小之喻，但"至大无外""至小无内"的说法总归有些抽象，于是就用很多例子来作比喻。鹪巢蚊睫是个很妙的说法。蚊子已经够小的了，能在蚊睫筑巢而居的鹪螟，大概只能靠想象来体会其小。鹪巢蚊睫后来常被引申为对细密处的考究，如北周庾信《赵国公集序》就说："柱国赵国公发言为论，下笔成章……论其壮也，则鹏起半天；语其细也，则鹪巢蚊睫。"大小两端是作文的要点，高明与沉潜要兼顾。利用昆虫来讲大小之辨的道理，这类的例子在古籍中随处可见。《庄子·则阳》中有蜗角之争的故事，在蜗牛左角住着触氏，右角住着蛮氏，两个部落"时相与争地而战，伏尸数万"。

对小官的一种比喻说法叫"蚊子官"，较之于常俗所谓的"芝麻官"更为精绝。芝麻只能说明其小，蚊子才能兼顾弱小又可恶的特点。

还有一个故事。话说有甲乙二人相遇，各有恼怒之色。乙问甲缘何发怒。甲说，我虽身居中国，却能耳听万里。我方才在静坐中，听见西天有一个和尚在那里诵经，我嫌聒噪，就喝住他莫诵，那和尚不理睬我，我一时怒起，就将一座须弥山拿在手里，当一石块扔去撞他。谁知那和尚，当山坠来的时候，他只把眼睛一挤，将手一抹，口里说："那里飘来的砂灰，几乎眯了我的眼睛。"说完仍旧去诵经，究竟不曾打着他丝毫，叫我无法治他，岂不可恼？甲也问乙说，你是为何发怒呢？乙说："我昨日有一客到我家来，无物款他，捉了一个蚊虫，破开蚊虫的肚腹，取了蚊子的心肝，用刀切作一百二十块，下锅炒熟奉他。岂知那客人吃下肝去，噎在咽喉里不上不下，只说我肝切大了，怨恨着我。而今还睡在我家里哼个不住，岂不可恼？"甲问道：哪里有这么小的咽喉呢？乙反问说："你既然有这等听西天的远耳朵，容须弥的大眼睛，难道就不许我有这等噎蚊子心肝的小咽喉么？"（［清］石成金《笑得好》）这则笑话很类似于相声中的吹牛比赛，以蚊子作微物之喻，很是精妙。

民国时期流行称小报为蚊报，林语堂先生认为，蚊报虽有抓人眼球的不实之论，但亦有着令人"昏昏欲睡"之大报所不具的勇气和骨气，有些"搔着痒处"的且能令"乱臣贼子惧"的微弱之音："小报小矣，蚊音微矣。然若成群结队，其音亦可观，亦可使大人先生睡不成寐也……蚊子虽弱，亦须为自由战士，航空而来，所落皆系实弹，方有意义。"（《为蚊报辩》）

蚊子除了在哲思上的用途外，在现实中也有其价值。比如说民间就认为蚊多为丰年之兆。蚊子多则水泽多，间接也能说明雨水充足，所以"俗以多蚊少蝇为有年之兆"（［明］张大复《梅花草堂笔谈》）。古今文人有关蚊子的诗文很多，诗人们尽管痛恨蚊子，但也无可奈何，无法将之彻底消灭，只能一手摇扇驱蚊，一手信笔书写关于蚊子的诗："为尔通宵愁不寐，几回枕上又诗成。"（［宋］虞俦《蚊》）

英国传教士麦嘉湖还记载了他在苏州看到魔术师利用蚊

［五代］黄筌《写生珍禽图卷》及蚊虫局部
北京故宫博物院 藏

子所施展的表演：

在苏州，魔术师可以在老鼠、蚂蚁、蚊子等动物的
身上施展"法术"。待他们念完一段咒语以后，老鼠会
从藏身的洞穴里钻出来，爬到桌子上溜达，直到咒语解
除。蚂蚁也会从蚁穴里爬出来，按照指定的方向爬行。
蚊子在纸上或扇子上画定的圆圈内飞行，直到魔术师解
除咒语为止。魔术师说这些蚊子会一直待在那里，直到
死去，除非他愿意释放它们。这样的实验他从来没有做
过，因为这样会失去法力。许多看上去诚实可靠的人愿
意证明魔术师没有说谎。

（《清朝的蚊子及如何对付它们》，邱丽媛等译文）

但这样的表演是没有实践过的，因为这么做的话会使得魔术师们减少法力，魔术的效果依靠的是"死忠粉"的口头证明。也有演说家请人帮忙买蚊子，人问其何用，他说：

> 在我演说的时候，常常有人打瞌睡，使我非常扫兴。如果有了许多蚊子，暗暗地放在会场里，那么听众们被蚊子叮得很痛，就睡不成，大家忙着拍蚊子，只听得劈劈拍拍，一阵掌声，好似鼓掌赞美我的演说，我岂非很有面子了？

（白乐《收买蚊子》，《礼拜六》1947年第85期）

还有蚊子救国的说法。按说近现代以来有了新技术，蚊香与灭蚊药水也更加有效，但有人会计较起这些用品是否国货，外国的东西虽有效，但买国货才算是爱国。也有人盘算着如能将本国蚊子喂得精壮，等敌兵入侵时，将蚊子悉数放出，说不定比抛掷炸弹更管用，这岂不是蚊子救国么？（张芸《蚊子救国论》，《春草》1936年第15期）

更有人把蚊子看作是唤醒大众的启蒙者。有一首《蚊子》诗：

> 夜神张开了它的黑翼，

到处满布着撒旦的面孔。

一切，一切都屈服了，

驯羊般的垂头寝声。

只有只有倔强的蚊子，

在黑暗中纵横飞腾，

嘶喊着——

醒！醒！冲！冲！

依然是打不破宇宙的沉寂，

不得不向死猪般的人们刺攻。

直到东方明了，

它的唤醒工作呀，才算完竟。

（汶源《蚊子》,《青年文化》1935年第2卷第5期）

在这首诗里，蚊子竟成了唤醒大众沉睡昏蒙状态的先知，类乎著名小说《牛虻》的立意。牛虻的意象可远溯至苏格拉底，在最后的申辩中，苏格拉底称雅典如沉睡的骏马，太大太肥，年未老就行动迟缓，需要叮一叮才能振作精神，自己愿做一只牛虻，"整天到处叮住你们不放，唤醒你们，说服你们，指责你们"。

　　入诗的蚊子有很多，但如虱子那般入情诗者还不多见。民国时期，在上海光华大学政治系读书的胡浦清曾把蚊子化作美人入诗，颇为有趣：

> 圆圆底月儿沉西，
>
> 午夜底凉风徐起，
>
> 正是人们入梦的时期，
>
> 在这黑甜的梦乡里啊：
>
> 爱人的拥抱，接吻，微笑——
>
> 一切旧欢都在那里齐集。
>
>
> 宛如妇人求爱的你，
>
> 费尽了苦心巧技，
>
> 钻入如城似郭的罗帐里，
>
> 柔情絮语地向他耳边细叙，
>
> 紧紧的接吻表示亲密。
>
>
> 你断续的絮语虽然妩媚，
>
> 迎面的接吻虽然亲密，
>
> 但怎能比他梦中的伊，
>
> 温柔而且美丽？

任你如何献媚，

凭你如何弄技，

总难比他梦中的伊，

温柔而且美丽。

你，你啊苦心白费，

只落得他默默不理！

他对你默默不理，

已够你羞愧失意，

你却不解此理，

再四向他哀乞；

任你如何弄技，

终久讨得没趣！

你这微小的东西——

偏知妒忌，

努着喙，

鼓着气，将他不断地咬，

要他脱离梦中的伊，

回转头来盼顾你，

你的巧计，

竟逐退了他梦中的伊；

但他仍是眷恋他梦中的伊，

咬牙切齿地痛恨你不该把他唤起。

在这时期，

起了你生命的危机，

致你死命的扇子……都已齐备，

粉你身，碎你骨而后已；

他呀，然后再去寻他梦中伊。

（胡浦清《蚊子》，《光华期刊》1927年第1期）

　　此诗将蚊子比作爱慕美男的少女，夜间闯入他的罗帐，无奈他却进入梦乡约会梦中情人。蚊子嫉妒心起，叮咬他醒来，却被拍得粉身碎骨，然后他重回旧梦。诗歌命意虽戏谑，但颇有可观之处。胡浦清后来虽不以诗人名世，但当时十九岁，正值青春年华，感情萌动，于诗中亦可见出些许真情。

　　蚊子向来令人讨厌，但据人总结，有两个场合却也是"颇合人意"的：一处是前所引述的《金瓶梅》中"潘金莲在深夜里睡不成，一身肉感，赤条条站在帐中，狠命地扑杀蚊子"（阿凤《从蚊子立论》，《锡报》1939年8月22日）；另一处是沈复在《浮生六记》中欣赏蚊子如群鹤舞空：

> 余忆童稚时，能张目对日，明察秋毫。盛藐小微物；必细察其纹理，故时有物外之趣。夏蚊成雷，私拟作群鹤舞空，心之所向，则或千或百果然鹤也。昂首观之，项为之强。又留蚊于素帐中，徐喷以烟，使其冲烟飞鸣，作青云白鹤观，果如鹤唳云端，怡然称快。

闲来无事的文人，竟会拿蚊子来赏鉴把玩。留蚊子于白帐之中，向其吐烟，蚊子冲着烟飞翔，沈复臆想此景宛如青云白鹤。世界并不缺少美，而是缺少发现美的眼光，这话说得真是正确。只是这赏鉴的对象找得有点不同寻常，似难合大众口味。对于沈复的写作动机，善作同情之理解的文人也作了考索："沈三白委实可怜，以尘外人踉跄流落，连爱妻也不能长相守，只好那样借些小东西，觑出个适于本性的景致来。"（阿凤《从蚊子立论》）

无论如何，古人无聊起来也着实有趣。

三

生活与诗境中的萤火虫

几年前的一个夏夜，我回家时路经附近的一个小公园，在漆黑的夜色中，突然感到有一点微光闪耀，驻足仔细观察，竟然发现了一只萤火虫。虽然只有一只，也足以令我兴奋和欣喜。在上海这样喧闹的都市丛林中，能见到萤火虫真是十足幸运。

　　一个有萤火虫的地方，总不会让人失望的。

萤火虫的食物

　　夏日的昆虫中，萤火虫与蚊子可说是爱恨两极之代表。在民国时期的一首儿歌中，萤火虫与蚊子就被描述为两种对立的角色：

> 萤火虫，不答应，
> 电筒照得更加明，
> 要叫蚊子没处躲，
> 不能偷偷再咬人，

蚊子飞到东，

萤火虫赶到东，

蚊子飞得快，

萤火虫追得紧，

弄得蚊子没法吃人血，

逃到大门背后哭得很伤心。

（金近《萤火虫和蚊子》，《儿童故事》1948年第2卷第8期）

在粗心人眼里，蚊子与萤火虫说不定还分不清楚。话说两个北方商人到南方经商，晚上住在一家小旅馆，夜里蚊子极多，无奈之下他们只能蒙着被子睡觉，其中一位闷热难耐把头探出来透气，却大惊失色，惊慌说道："老朋友，我们遮

志坚《拿灯笼的蚊子》

没头没有用的，你看，那些蚊虫点着灯笼来找我们了。"（志坚《拿灯笼的蚊子》,《儿童世界》1933年第31卷第5期）

蚊子与萤火虫之关联，除此之外，还有一种由来已久的说法——"丹鸟羞白鸟"，即萤火虫吃蚊子。《大戴礼记·夏小正》云："丹鸟羞白鸟。丹鸟者，谓丹良也；白鸟，谓闽蚋也。""羞"通"馐"，丹良是萤火虫，"丹鸟羞白鸟"，即萤火虫以蚊蚋为美馐的意思。晋崔豹《古今注·鱼虫》中也说萤火虫乃"腐草为之，食蚊蚋"。李时珍在《本草纲目》中总结说：

> 蚊处处有之。冬蛰夏出，昼伏夜飞，细身利喙，咂人肤血，大为人害。一名白鸟，一名暑蚊。或作黍民，谬矣。化生于木叶及烂灰中。产子于水中，为孑孓虫，仍变为蚊也。龟、鳖畏之，荧火、蝙蝠食之。

萤火虫吃蚊子的说法广为流行，在中国古代的知识系统中几成定论。但宋代罗端良在《尔雅翼》中已经质疑此说："《夏小正》曰：丹鸟羞白鸟。此言萤食蚊蚋。又今人言，赴灯之蛾以萤为雌，故误赴火而死。然萤小物耳，乃以蛾为雄，以蚊为粮，皆未可轻信。"（周作人《萤火》引）但此说也是始于怀疑，终于茫然。认为萤火虫乃"小物"，就不能以蚊蚋为粮，实在毫无道理可言，而且也太小瞧了萤火虫的本领。

令人意想不到的是，萤火虫竟然是以蜗牛为食物的。蜗牛较之萤火虫，几乎如人见大象一般。萤火虫是如何降服蜗牛这么个庞然大物的呢？据说萤火虫能先将蜗牛麻醉，再去慢慢吞食。法布尔的《昆虫记》中有一段关于萤火虫吃蜗牛的细节记录：

> 萤火虫怎么吃它的猎物呢？是真的吃吗？它把蜗牛切成小块，割成细片，然后咀嚼吗？我想不是这样，我从来没见过萤火虫的嘴上，有任何固体食物的痕迹。萤火虫并不是真正的"吃"，它是"喝"。它采取蛆虫的办法，把猎物变成稀肉粥来充饥。它就像苍蝇的食肉幼虫那样，在吃之前，先把猎物变成流质。（鲁京明译文）

萤火虫麻醉蜗牛的技术让法布尔也惊叹不已："在人类的科学还没有发明这种技术，这种现在外科学最奇妙的技术之前，在远古时代，萤火虫和其他昆虫显然已经了解这种技术了。昆虫的知识比我们早得多，只是方法不同而已。"

萤火虫的食物不只是蜗牛。还有一类萤火虫，它们的食物竟然是同类。萤火虫发光的作用是什么？"萤火虫幼虫发出的光是一种警戒天敌的信号，而成虫的发光则是一种两性交流信号，也就是求爱的语言。"（付新华《萤火虫在中国》）但有时萤火虫发出的美丽光芒也代表着阴谋和危险。詹姆斯·E. 劳埃德发现了一种堪称"蛇蝎美人"的女巫萤。女巫萤属的雌萤，如其他类型的萤火虫一样，能用信号吸引同

［五代］黄筌《写生珍禽图卷》中的萤火虫（*左上*）
北京故宫博物院　藏

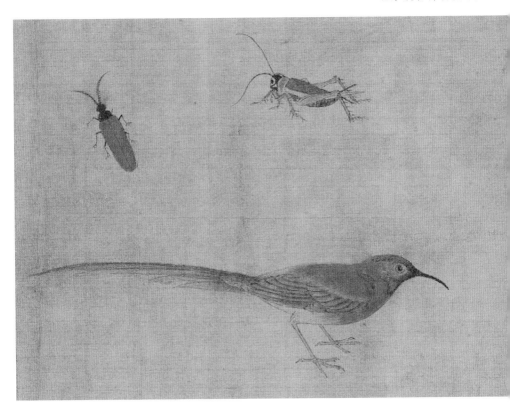

属的雄萤，但它们破解了福提努斯属萤火虫的密码，能伪装成该属雌萤发出求爱信号，吸引到雄萤之后，不是与之交欢，而是直接将其吃掉。女巫雌萤的这种超常能力，"堪称一门了不起的绝技"。（［美］吉尔伯特·沃尔鲍尔《当昆虫遇见人类文明》）

中西文献对于萤火虫的记录，体现了两种不同的博物学知识传统。周作人对中国学问不合科学精神颇有批判。不只是关于萤火虫的知识，关于蚊子的来历也类于此。中国古代文献中谈及蚊子来历的说法五花八门，有蚊子树、蚊母草、蚊母鸟诸说。李时珍在《本草纲目》中引唐代医家陈藏器的说法："岭南有蚊子木，叶如冬青，实如枇杷，熟则蚊出。塞北有蚊母草，叶中有血虫，化而为蚊。江东有蚊母鸟，一名鹳，每吐蚊一二升也。"《岭南异物志》对蚊子树有更为详细的描述："有树如冬青，实生枝间，形如枇杷子，每熟即坼裂，蚊子群飞，唯皮壳而已；土人谓之蚊子树。"

蚊子来自蚊母鸟，是流传更广的说法。《本草纲目》叫作"鹳"。《尔雅注》说："鹳，蚊母……黄白杂文，鸣如鸽声。此鸟常吐蚊，故名。"蚊母鸟也叫吐蚊鸟，《本草纲目》引陈藏器的说法："此鸟大如鸡，黑色。生南方池泽茹芦中，江东亦多。其声如人呕吐，每吐出蚊一二升。夫蚊乃恶水中虫，羽化所生。而江东有蚊母鸟，塞北有蚊母草，岭南有虻

母草，此三物异类而同功也。"《岭表录异》说："蚊母鸟，形
如青鹢，嘴大而长，于池塘捕鱼而食。每叫一声，则有蚊蚋
飞出其口。俗云采其翎为扇，可辟蚊子。(亦呼为吐蚊鸟。)"
唐代李肇《唐国史补》中对于蚊母鸟亦有记载：

> 江东有蚊母鸟，亦谓之吐蚊鸟。夏则夜鸣，吐蚊于
> 丛苇间，湖州尤甚。南中又有蚊子树，实类枇杷，熟则
> 自裂，蚊尽出而空壳矣。

关于蚊母鸟，各处记载有所不同。比如颜色，陈藏器说
是黑色，《尔雅》说其"黄白杂文"；关于声音，陈藏器说其
声音如人呕吐，《尔雅注》说其鸣如鸽声。所以李时珍也感
慨说："岂各地之产差异耶？"

明代谢肇淛的《五杂组》对这些说法有所怀疑："李肇
《唐史补》称江东有蚊母鸟，湖州尤甚。余在湖州，蚊则多
矣，不闻有鸟吐蚊也。南中又有蚊子木，实如枇杷，熟则
裂，而蚊出焉。塞北又有蚊母草，亦生蚊者。鸟之吐蚊，如
蝇之粪虫，不足异也；草木生蚊，斯足异矣。"但似乎也没
有说出充分的理由来。

现在学者一般认为蚊母鸟就是夜鹰，认为鸟能吐蚊，最
多算是合理的误解。周作人就说：

我们知道他是夜出的小鸟，以虫类为常食，蚊蚋自然也在其内，粗心的人见他对着蚊子张嘴，便以为是在吐蚊子，这是很可能的事，但是这一进出实在差的太多了。(《鸟吐蚊子》)

其实关于蚊子的来源，中国古人也提出过基于观察的另一种说法，即来自水中孑孓小虫。宋代周密《齐东野语》就说："今孑分，污水中无足虫也，好自伸屈于水上，见人辄沉，久则蜕而为蚊，盖水虫之所变明矣。"谢肇淛亦注意到水中的孑孓："蚊盖水虫所化，故近水处皆多。自吴越至金陵、淮安一带，无不受其毒者，而吴兴、高邮、白门尤甚，盖受百方之水，汉港无数故也。"如此才基本解释了水域之处蚊子较多的原因。这一观察近乎亚里士多德，经过细致观察，他看到蚊蚋来自水中的孑孓：

蚊蚋（摇蚊）由一种线蠕虫（孑孓）发生；这种孑孓从井泉污泥或沟洍积潴中发生。这里的泥块腐坏，先转白，继转黑，最后转血红色；到这阶段，其中便蕴成小而活动的红色蛆；起初扭作一团，随后散开，各自游泳于水中，这便是众所周知的"孑孓"。几天以后它们浮上水面，静止而僵硬，慢慢地蜕除外皮，人们就见到那皮蜕上站着蚊蚋（摇蚊），日光照到，或一阵清风来时，

它们就舒展开翅翼飞去。（《动物志》，吴寿彭译文）

中西对于自然的观察有很多近似之处，但后来毕竟是朝着不同的方向行进了。

萤火虫的化生

萤火虫是一种奇妙的自然光源，在没有人造光源的漫长岁月中，显得十分特别。萤火虫虽不及太阳、月亮、星星那般亮眼，但暗夜中的点点微光却能给人类带来对光明的憧憬。地球上有 2 000 多种萤火虫，中国境内大概有 200 多种。萤火虫在中国有多个名字：夜光、熠耀、即炤、夜照、景天、救火、据火、挟火、宵烛、丹鸟、耀夜、丹良、磷……每一个名字都富有诗意。关于萤火虫的诸多名称，严修先生《即炤、景天、丹鸟……都是萤火虫的别名》一文考证甚详。（《文汇笔会》2019 年 1 月 6 日）

民间故事中有着关于萤火虫来历的各种传说。据说在很久之前有户人家，有姐弟两个孩子，姐姐叫金姑，是个可爱懂事的孩子，但有次与弟弟产生口角，弟弟负气出走，姐姐到处寻找，直到黑夜也没找到。她在黑漆漆的森林中迷了路，后悔没有带着灯笼，喊道："谁借我一盏灯笼呀？"但无人回应。她继续找寻，最终劳累而死。死后的她仍不忘记找弟弟，就变成了一只带着亮光的小虫。当地人便叫这种虫子为"火金姑"。（品天《民间故事：萤火虫的来历》，《小朋友》1928年第317期）在别的版本中，姑娘叫荣姑，因夜间外出寻父，落水溺亡，遂化为一只闪亮的小虫，被人称为"荣姑虫"，后来慢慢流传为"萤火虫"。（汪人元《萤火虫》，《儿童周刊》1946年第5期新）这个故事与日本传说中的"姥姥火"的来历有些相似。"姥姥火"本是一位每日在河边淘米的老婆婆，一日不慎失足落水而亡，此后魂魄化为一团火焰，每夜在河川边出没。（［日］江马务《日本妖怪化物史》引山冈元邻《古今百物语评判》）

谈及萤火虫的来历，一般都会提到《礼记·月令》中腐草化为萤的说法："季夏之月，腐草为萤。"《逸周书·时训解》也说："大暑之日，腐草化为萤……腐草不化为萤，谷实鲜落。"

以现代眼光来看，化生乃是打破物种之间界限的转化。《周礼》郑注曰："能生非类曰化，生其种曰产。"动物之变确实神奇，如蚕一生之中产卵、孵化、吐丝、结茧、成蛹、化蝶等，在古人看来均属不可思议之变化，难以捉摸，荀子即称蚕"屡化成神"。

螢火蟲

螢火蟲，點點紅，
飛到西，飛到東，
好像許多小燈籠！

《萤火虫》

《儿童画报》1933年第17期新

古人讲化生，腐草为萤是最常说的例子。干宝《搜神记》论"五气变化"，说"天有五气，万物化成"，化成有多种形式，其一便是自"无知"化为"有知"，如朽苇之为蛬、麦之为蝴蝶、腐草之为萤之类。化生乃造化流转更迭的关键所在，顺应化生之道，则生机盎然，逆之则妖异乱出：

> 应变而动，是为顺常；苟错其方，则为妖眚。故下体生于上，上体生于下，气之反者也；人生兽，兽生人，气之乱者也；男化为女，女化为男，气之贸者也。

化生的故事，除腐草为萤外，麦化为蛾在民间也流传至广。在民国时期的《点石斋画报》中，就有一则《麦化为蛾》的故事。金陵某翁，"家小康而工心计"，看到当年春雨太多而阳光少，预料麦子必然减产，于是囤积麦子数百石，居为奇货。后来怕旧麦放坏，就开粮仓晾晒，但见"飞蛾如恒河沙数，花团雪滚，满屋乱飞，约半日许，皆向空飞散。回视囷中，已颗粒无遗矣"。这是上天对其重利盘剥的惩戒。作者最后还说："昔干宝《变化论》有麦化蝴蝶一说，予始疑其未必然；今观于此，知古人必不妄言。"

唐代李肇的《唐国史补》中提到化生的几种类型：推迁之变化、陶蒸之变化、耗乱之变化。腐草为萤，与燕雀为

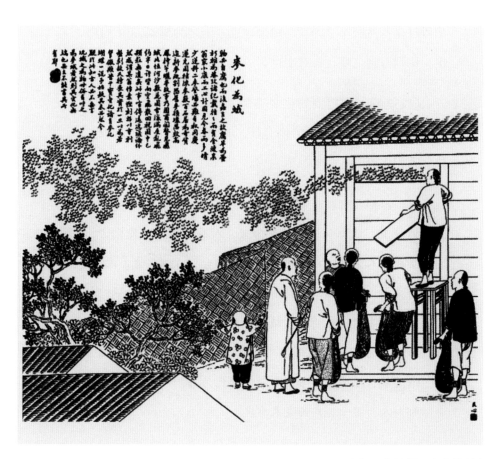

《点石斋画报·麦化为蛾》

蛤，野鸡为蜃，虾蟆为鹑，蚕蛹为蛾，蚯蚓为百合之类，都
是陶蒸之变化所得。所以《淮南子·泰族训》说："牛马之气
蒸生虮虱。"化生自有其原因和目的，应该顺乎其道而行：
"万物之生死也，与其变化也，非通神之思，虽求诸己，恶

识所自来？然朽草之为萤，由乎腐也；麦之为蝴蝶，由乎湿也。尔则万物之变，皆有由也。"（《搜神记》卷十二）

《夜航船》中提到物化之类型，有形化、魄化、血化、发化、气化、泪化，无情化有情、有情化无情，以及物相化、人相化等：

> 以形化者，牛哀为虎。以魄化者，望帝为鹃，帝女为精卫。以血化者，苌弘为碧，人血为磷。以发化者，梁武宫人为蛇。以气化者，蜃为楼台。以泪化者，湘妃为斑竹。无情化有情者，腐草为萤，朽麦化蝶，烂瓜为鱼。有情化无情者，蚯蚓为百合，望夫女为石、燕为石、蟹为石。物相化者，雀为蛤，雉为蜃，田鼠为鴽，鹰为鸠，鸠为鹰，蛤仍为雀，松化为石。人相化者，武都妇人为男子，广西老人为虎。

腐草为萤属于无情化有情的典型。腐草为萤，虽为古人经常谈起的常识，但背后还是有化生的深意在焉，一般人未必能谈出其中的道理来。宋代十三岁的黄致一入科场考试，就遇到《腐草为萤赋》这一题目，旁人顾及他太小，怕不懂得题目的意思，就做了几点敷衍的解释，谁知他化腐朽为神奇，并因此而高中。其事见宋代施德操的《北窗炙輠录》：

　　黄致一初看科场，方十三岁。时出《腐草为萤赋》题，未审有何事迹。同场皆以其儿童易之，漫告之曰："萤则有若所谓聚萤读书，草则若所谓青青河畔草，又若所谓'君子之德风，小人之德草'，皆可用也。"其事皆牢落不羁，同场姑以此塞其问，元非事实也。致一乃用此作一隔对，云"昔年河畔，尝叨君子之风；今日囊

《萤火虫》
《小朋友画报》1934年
第1卷第2期

中，复照圣人之典"，遂发解。……此皆一时英妙可喜，故事无工拙，顾在下笔何如耳。

关于萤火虫来历的第二种说法是萤火虫由竹根所化生。《格物总论》曰："萤是腐草及烂竹根所化，初犹未如虫，腹下已有光，数日，便变而能飞。生阴地池泽，常在大暑前后飞出。是得大火之气而化，故如此明照也。"

李时珍《本草纲目》综合诸家所说，概括说萤火虫来历有三种：茅根（腐草）所化、竹根所化和水生：

萤有三种：一种小而宵飞，腹下光明，乃茅根所化也，吕氏《月令》所谓"腐草化为萤"者是也；一种长如蛆蠋，尾后有光，无翼不飞，乃竹根所化也，一名蠲，俗名萤蛆，明堂《月令》所谓"腐草化为蠲"者是也，其名宵行，茅竹之根，夜视有光，复感湿热之气，遂变化成形尔；一种水萤，居水中，唐李子卿《水萤赋》所谓"彼何为而化草，此何为而居泉"是也。入药用飞萤。

此外，还有人认为萤火虫是粪土所化生。钱步曾《百廿虫吟》中说：

萤有金银二种。银色者早生，其体纤小，其飞迟

《本草纲目》中萤火和蠲的插图

滞，恒集于庭际花草间，乃宵行所化。金色者入夏季方有，其体丰腴，其飞迅疾，其光闪烁不定，恒集于水际茭蒲及田塍丰草间，相传为牛粪所化。盖牛食草出粪，草有融化未净者，受雨露之沾濡，变而为萤，即《月令》腐草为萤之意也。余尝见牛溲坌积处飞萤丛集，此其验矣。（周作人《萤火》引）

古代日本也有人认为萤火虫来自马粪或狐狸粪，古代朝鲜则认为萤火虫是从狗粪化生而来。（陶秉珍《昆虫漫话》）其实，持粪土所生的观点，实质也是认为腐草为萤。以上所言，均持化生之说。顺便可以提到的是，古人也有认为蚊子是化生而来的，傅巽《蚊赋》曰："无胎卵而化孕生，搏物翼而能飞。"

《金刚经》谈有情众生的四种形态：胎生、卵生、湿生、化生。化生是无所依托而生者。按照世俗的解释，若说胎生、卵生和湿生来自观察和经验，化生则来自宗教、想象或哲学。古人把动物分为五类：鳞、羽、臝、毛、介，彼此之间并无实质性的界限，清代李元的《蠕范》就说："阳散而阴凝。春夏阳也，故介散为鳞，鳞散为羽。秋冬阴也，故羽凝为毛，毛凝为介。"

化生说背后是一种关联思维模式。物种之间不存在严格的分类，也没有进化的观念，还能彼此转化，就如《淮南子·天文训》中说的"物类相动"。胡司德曾分析中国古代的动物分类中的这种关联思维：

> 关联思维把人作为一种功能性类别安排在笼罩万有的框架里，而不是当作本体意义上区别于其他事物的实质性种类，因此，这里是没有线性进化观念的，也就是说，并不认为生物界是由发达程度不等的物种所构成的

等级体系。起码从生物学的角度看，关联模式并没有把人看作进化顶点上最发达的物种。

（《古代中国的动物与灵异》，蓝旭译文）

也有人认为萤火虫既有化生，又有卵生。如汪曰桢《湖雅》云："有化生，初似蛹，名蠲，亦名萤胆，俗呼火百脚，后乃生翼能飞为萤。有卵生，今年放萤于屋内，明年夏必出细萤。"（周作人《萤火》引）更明确否定化生之说的是郝懿行，他在《尔雅义疏》中说：

> 今验萤火有二种：一种飞者，形小头赤；一种无翼，形似大蛆，灰黑色而腹下火光，大于飞者，乃《诗》所谓宵行。《尔雅》之即炤，亦当兼此二种，但说者止见飞萤耳。又说茅竹之根，夜皆有光，复感湿热之气，遂化成形，亦不必然。盖萤本卵生，今年放萤火于屋内，明年夏细萤点点生光矣。

化生说乃是传说观念之流衍，背后有着一套基于神话和巫术的万物关联秩序的观念，卵生说则一定程度上来自经验，有着一些科学色彩。周作人肯定郝懿行"断定卵生尤为有识"（《萤火》），但郝懿行的这种科学性并不彻底，毋宁说是一种认真的经验与科学的契合。

杨士枬《萤火虫》

《儿童知识》1948 年第 26 期

　　亚里士多德对昆虫来源的看法，竟有些类乎中国古人。他认为昆虫的来源有几种情况：有些是"由虫种生殖的"，而有些则不是亲生，是"由春季草木上的露滴所生成，冬季久晴而吹着南风，这时的露滴也偶有能生虫的；又另些出于腐土与粪秽；又另些出于活树或枯木"。这里所言昆虫出自腐土或枯木，与腐草为萤的说法真有些相似。他还认为，扁虱生于茅草，蝇生于粪堆，马虻生于木材，虱子由"动物干

结在体表的汗秽出生"。(《动物志》，吴寿彭译文）看起来在古
代早期，中西关于昆虫来源的认知有些近似，但亚里士多德
观察与记录之细致，是远超中国古人的。

对动物的认知，是人类自我认知的一部分。古代西方基
本上认为动物是受人支配的，动物比人低等。在《创世记》
里上帝说："我们要照着我们的形像，按着我们的样式造人，
使他们管理海里的鱼、空中的鸟、地上的牲畜和全地，并地
上所爬的一切昆虫。"强调的就是人的主导地位。到18世纪
末，人类中心主义有所淡化。西方近代博物学体系就始于18
世纪，瑞典植物学家林奈和法国的布封伯爵堪称开创者。尤
其是林奈，他在一篇仅有十二页的手稿《自然的体系》中，
为自然物体的命名和分类奠定了根基："智慧的第一步是认识
事物本身，这一观念在于正确认识对象；而对象是通过有系
统地分类并恰当地命名来被区分、被了解的。因此，分类和
命名将是我们科学的基础。"（［美］保罗·劳伦斯·法伯《探寻自
然的秩序：从林奈到E. O. 威尔逊的博物学传统》引，杨莎译文）到
了19世纪，达尔文的进化论对上帝创造说产生了进一步冲
击，让自傲的人类开始重新反思人与动物的关系：一方面人
类自诩异于禽兽，独具文化和道德；另一方面，人与动物又
处在一个连续的物种序列中，人也不过是一种动物。

中国古典学问中的鸟兽草木之学，主要是在纸面上下功夫，不合于今日之博物学，大概只是文人安顿精神雅趣的乐园。对中西博物学的讨论，自然容易联系到广为大众所知的"李约瑟问题"：为何中国没有发展出近代科学？由此也生发出对"科学"概念的讨论、对西方中心立场的反思等话题。对传统知识系统的理解，不能完全以西衡中，要兼顾历史文化的语境。英国学者胡司德在《古代中国的动物与灵异》一书中提到：

> 典型的中国世界观没有认定动物、人类和鬼神等生灵有清晰的类别界线或本体界线。人与动物的分界没有被人看成固定不变，物种的确定性既不是显而易见，也不值得寻求。在这种世界观看来，动物是有机整体的一部分，整体之中，物种关系的特点在于彼此相关，互相依赖，一脉贯通。（蓝旭译文）

借鉴西方博物学知识，使中国传统的博物研究走出纸面而转向实物，是中国近现代不少学者的共识。周氏兄弟是中国最早介绍西方博物学的学者之一，周作人更是中国第一位介绍法布尔《昆虫记》的人。（秦颖《〈昆虫记〉汉译小史》，《读书》2002年第7期）周作人从萤火虫化生的问题扩而言之，认为中国传统的学问也都类于此，古籍中虽有些关于萤火虫的资料，但"到底也不怎么精确，要想知道得更多一点，只好到外国书中去找寻了"。从《塞耳彭自然史》《昆虫记》字数不多的记载中即可看出，西方的博物学有着严谨的科学基础，"都是出于实验，没有一点儿虚假"。周作人虽然没有像鲁迅那样说过中国书一本也不要读的气话，但也对中国学问的陈旧和模糊感到不满：

> 近若干年来多读线装旧书，有时自己疑心是否已经有点中了毒，像吸大烟的一样，但是毕竟还是常感觉到不满意，可见真想做个国粹主义者实在是大不容易也。

> (《萤火》)

囊萤夜读

萤火虫为什么会发光？李时珍在《本草纲目》中说："萤常在大暑前后飞出，是得大火之气而化，故明照如此。"基于此，萤火虫的医用功效是："明目。(本经)疗青盲。(甄权)小儿火疮伤，热气蛊毒鬼疰，通神精。"因得"大火之气"而能照明，因能照明而能明目，李时珍解释说："萤火能辟邪明目，盖取其照幽夜明之义耳。"

褚人获的《坚瓠集》中提到有人就此问题请教博学多才

的汪上辑先生，先生回答说萤火虫是因火而明。天下能发光的，只有日与火，大多发光体都假借日光，如月和星。日火之外，唯有萤火。萤火属于火之类，依据五行生克原理，火生于木，所以先王钻木取火。草也属于木之属，"质尽而火性则存，故化而为萤也"。这一说法杂糅了中国古代腐草为萤、阴阳五行等知识，算是传统之内很深刻的解释了。日本的山冈元邻在《古今百物语评判》中，将人间之火分为三类：天火、地火与人火。天火乃流星之飞火、龙火、雷火等，地火包括伐木、击石所迸发出的火，人火即灵魂之火。人火又分为阴火与阳火，阳火能烧物，阴火则不能烧他物，但亦不会熄灭。

萤火的光亮与太阳不同，古人认为萤火虫乃是聚集阴气所成。《点石斋画报》中有一则《聚萤瓶》的故事，说的是某地佃户锄地时得到一瓷瓶，光彩射人，遂藏入室中。入夜，有数万只萤火虫绕瓶内外，整个房间透亮如昼。邻居都感到害怕，说瓶子里怕是有鬼祟，保留久了可能要得祸。佃户于是将其砸碎，但到了晚上，萤火虫又聚集而来，而且碎瓷片片皆明，佃户赶紧将这些碎片又扔进河中。有行家找到一碎片，鉴定出此为正宗柴窑所出。柴窑是五代十国皇帝周世宗柴荣的御窑，至今逾千年，珍贵无比，无异宝石。作者

《点石斋画报·聚萤瓶》

最后解释此瓷器能聚集萤火虫的原因，或许是"沉埋久得至阴之气，萤本积阴之化，以气相感"。瓷器与萤火虫都是积阴气已久，物类相感，所以能召集而来。物类相感是巫术思维的核心，就像清代的阮葵生在《茶余客话》中所言："物类之相感也，多不可解，《淮南毕万》之所述，往往为小人窃试以行诈。要不过五行相胜，一定之理，非有异也。"

法布尔也提到人们常会把萤火虫的发光归因于磷。中国古人亦有类似的看法，明代陆容的《菽园杂记》就把神火、鬼火、磷火之类，与腐草生萤相联系。陈继儒的《见萤火有感辽事》诗写道："可怜十万辽阳卒，磷火青青满战场。"就把萤火与磷火作联想。但法布尔经过观察认为："磷不是萤火虫发光的原因，尽管人们有时把磷光称为萤光。答案在别处，在我们不知道的地方。"（《昆虫记》，鲁京明译文）

深夜发光的萤火虫，在古人眼中充满了神秘感。萤火虫有时被当作一些神异的征兆："乾隆癸巳夏六月，嘉定南翔镇西郊，忽一夕萤火团聚，至数十万，周围三四里，望如火城，其光烛天，观者如市，五日后方灭。"（[清]钱泳《履园丛话》）另据《点石斋画报·萤城》："人有一至其地者，往往触岚瘴以死，因此相戒，不敢涉足。一夕，忽有流萤数千万团聚一处，周围三四里光烛霄汉，较之霞起赤城，尤觉晶莹滢澈，观者如市，五日乃灭。远近哄传，莫解其故。夫腐草化萤，中外格物，均归一理。山中落叶与鸟兽之粪，相积既久，成萤之多，原无足异；唯团聚至五日之久，诚属罕见。"

　　《广莫野语》记载，明嘉靖中，一个叫黎闻野的人任山东乐平县令，他"性豪放任侠，响马盗魁，捕除殆尽"，但是因严酷过甚造成很多冤假错案而被革职。七夕晚上，他在院子乘凉，月色朦胧中，有萤火虫飞来，顷刻间就成千上万只，旋绕不已。黎闻野厉声说，你们能作半月形吗？萤火虫马上聚为上弦月形状。他又厉声说，有本事变作满月吗？萤火虫随即聚为望夕之月。他继续厉声道，能作星斗状吗？萤火虫马上散为列星形状。黎闻野见状感到恐怖，立马关门睡觉。第二天，上司来逮捕他，他极力辩解而得一时之脱，但不及一年就死了。又据《野史》记载，明天启年间，人们看到京城前门城楼角有萤火虫无数，"忽然合拢来，大如车轮，光照远近"，观者叫喊，萤火虫才慢慢散去。褚人获在《坚瓠集》中引述这两件异事，说其中的萤火虫"皆冤魂所聚化也"。

　　暗夜中的星火，能给人光明之感，也能让人感觉神秘怪异。柳宗元谈起他与韩愈、君诲（其人不详）夜里谈鬼遇怪之事：

　　　　君诲尝夜坐，与退之、余三人谈鬼神变化。时风雪寒甚，窗外点点，微明若流萤，须臾千万点，不可数度。顷入室中，或为圆镜，飞度往来，乍离乍合，变为大声去。而三人虽退之刚直，亦为之动颜。君诲与余，但匍匐掩目，前席而已。信乎！俗谚曰："白日无谈人，谈人则害生。昏夜无说鬼，说鬼则怪至。"亦知言也。余三人后皆不利。(《龙城录》)

只是不知他们所见的是萤火还是磷火。萤火虫在夜间微光闪耀，也会给人带来神秘感和恐惧感，就有萤火灵异似鬼："滁州魏生，尝夜乘马过近州山间，时已昏黑，见一物如金盘，相去甚迩。魏疑其为鬼，且进且却。既而渐近魏马，魏不得已，以鞭击之堕地，视之，乃一萤也。"([明] 都穆《都公谭纂》)

萤火虫在巫术中堪称神奇的灵物，在历史上曾有著名的"萤火丸"。此物神异无比，《神仙感应篇》称其效用是"主辟疾病，恶气百鬼，虎狼蛇虺，蜂虿诸毒，五兵白刃，盗贼凶害"。据说汉代刘子南曾从道士尹公学得制作萤火丸的方法。东汉明帝永平十二年 (69年)，刘子南在北部边界与敌人交战而败，士兵伤亡甚多，刘子南被敌人围困，四周的箭如雨点般飞来。刘子南使用了萤火丸，箭都在距离其战马数尺远的地方纷纷坠地。敌人知道他是神人，乃撤兵而去。刘子南后来将萤火丸的制作方法传于子弟，他们在战场上皆未受伤。汉末的青牛道士得到此方，传给了安定的皇甫隆，皇甫隆又传给了魏武帝，传播渐广。因刘子南曾为汉冠军将军、武威太守，所以萤火丸也叫"冠军丸"或"武威丸"。至于萤火丸配方与制作方法，李时珍在《本草纲目》中叙述甚详："用萤火、鬼箭（削去皮羽）、蒺藜各一两，雄黄、雌黄各二两，羧羊角、锻灶灰各一两半，矾石（火烧）二两，铁锤柄入铁处烧焦一两半，俱为末。以鸡子黄、丹雄鸡冠一具和捣千下，丸如杏仁。作三角绛囊盛五丸，带于左臂上（从军系腰中，居家挂户上），甚辟盗贼也。"

萤火虫除了制作萤火丸，以及具有明目、去疾之"神效"外，最直接的效用便是照明了。萤火虫是自然界中极少数能发光的昆虫，古人自然就开始打它的主意：能否把萤火虫聚集起来照明？用萤火虫照明最典型的故事就是车胤囊萤。《晋书·车胤传》记载："胤恭勤不倦，博学多通。家贫，不常得油。夏月，则练囊盛数十萤火以照书，以夜继日焉。"中国社会向来推重勤学苦读，车胤由此成为学习的典型，这一故事在后来也逐渐流于神话。成应元《事统》说："车胤好学，常聚荧光读书。时值风雨，胤叹曰：'天不遣我成其志业耶！'言讫，有大萤傍书窗，比常萤数倍，读书讫即去，如风雨即至。"（［唐］李冗《独异志》引）

车胤的模仿者甚多，南朝梁任昉的《为萧扬州荐士表》

中提到王僧孺"理尚栖约，思致恬敏。既笔耕为养，亦佣书成学。至乃集萤映雪，编蒲缉柳"。还有人对囊萤技术加以改造：

> 丁朱崖败，有司籍其家，有绛纱笼数十，大率如灯笼。询其家，曰："聚萤囊也。有火之用，无火之热。"亦已巧矣。然隋炀帝尝为大囊照耀山谷，丁制盖具体而微，则囊萤不独车胤也。（[宋]沈括《清夜录》）

古代穷苦人家的学子读书不易，油灯等成本太高，他们借光的方式主要有凿壁偷光、囊萤映雪等。也有人是照着火光读书的："苏颋少不得父意，常与仆夫杂处，而好学不倦。每欲读书，又患无灯烛，常于马厩灶中，旋吹火光照书诵焉。其苦学如此。后至相位。"（[五代]王仁裕《开元天宝遗事》）乍一看又是一个借光苦读的励志故事，但故事主角苏颋的父亲乃是唐朝宰相苏瑰，苏颋和父亲闹别扭后与仆夫杂处，借助马厩灶台中的火光来看书，只能说是"官二代"一时耍性子，却不是平时看书的常态。苏颋本就天资聪颖，《新唐书·苏颋传》说他"弱敏悟，一览至千言，辄覆诵"，学问根本不是在马厩里养成的。

有些人据说不使用任何非自然的照明设备："道士王致一

曰：'我平生不曾使一文油钱：在家则为扇子灯，出路则为千里烛。'意其日月也。"扇子灯是太阳，千里烛是月亮。室内光线不佳，为了让室内多借助外部自然光，人们也会对房屋进行一些改造："贫者以屋不露明，上安油瓦，以窃微光。又或四邻局塞，则半空架版，叠垛箱筥，分寝儿女。故有假天假地之称。"（[宋]陶毅《清异录》）

但也有寒酸的穷书生，周围也都是穷邻居，想凿壁偷光也不行，想去囊萤夜读，但是苦寒十月，哪里去寻找萤火虫呢？

> 湛卢朱复之，冬夜读书无油，作歌云："君不见莱公酣歌彻清晓，银烛成堆烧不了。又不见齐奴帐下还佳人，平生爨蜡不爨薪。南园花蝶巧心计，只为渠浓照珠翠。生憎诗客太寒酸，略不分光到文字。欲学凿壁衡，邻灯夜不明；欲学囊萤车，十月霜无萤。人生穷达真有命，大钧不须问。起来摩挲莲座真人图，还有青藜老杖照人无。"（[清]褚人获《坚瓠集》）

关于囊萤的主题在古代诗文中处处可见，已经成为彻夜苦读的代称："晓凌飞鹊镜，宵映聚萤书。"（王维）"一生徒羡鱼，四十犹聚萤。"（高适）"官忝趋栖凤，朝回叹聚萤。"（杜甫）"人心未肯抛膻蚁，弟子依前学聚萤。"（裴铏）"飞萤玩

书籍，白凤吐文章。"（崔泰之）

凿壁偷光、囊萤映雪其实在技术上是不足为据的。凡事都要亲测观察的法布尔做过实验：

> 在漆黑的地方，用一只萤火虫在一行铅印字上移动，我可以清楚地看出一个个字母，甚至不太长的整个字；但在这狭窄的范围之外，就什么也看不到了，这样的灯很快就会使阅读的人厌烦。（《昆虫记》，鲁京明译文）

车胤囊萤之类的故事，其主要目的是鼓励苦读。这类故事总有个俗套的结尾，偷光夜读的读书人后来往往科举高中或发财；有些回报兑现得更及时，当场就有人莫名送钱来：

> 柳积，字德封，勤苦为学，夜燃木叶以代灯。中夕闻窗外有呼者，积出见之，有五六人各负一囊，倾于屋下，如榆荚。语曰："与君为书粮，勿忧业不成。"明旦视之，皆汉古钱，计得百二十千，乃终其业。宋明帝时，官至太子舍人。（［唐］李冗《独异志》）

就是到了近现代，儿童们或伪装成儿童的大人们所写的儿歌，还在用萤火虫照明读书的俗套典故来激励学生用功。类似的作品很多，如这首儿歌写道：

萤火虫，夜夜红，

飞到西来飞到东。

想必肚中有蜡烛，

夜夜点着小灯笼。

请你飞到我的书房中，

姜元琴《萤火虫》

《儿童世界》1936 年第 36 卷第 12 期

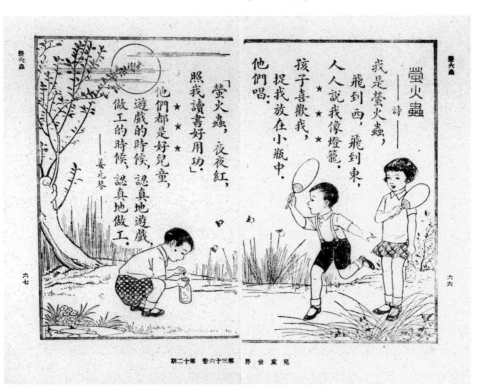

·严大椿《萤火虫》

《儿童知识》1947年第14期

照着我读书好用功。

（张才林《萤火虫》,《小朋友》1928年第321期）

　　囊萤在车胤之后渐成一种习俗。清人孔尚任《节序同风录》记载，在七月十五日这天，读书人"捉萤火，以罗囊或琉璃瓶盛之，照书卷"。陈淏《花镜》也载："好事者每捉一二十，置之小纱囊内，夜可代火，照耀读书，名曰'宵烛'。小儿多以此为戏。"囊萤的做法还有一些变化，比如汪曾祺《故乡的食物》中写到用高邮鸭蛋壳来装萤火虫，可谓善于就地取材：

> 孩子吃鸭蛋是很小心的。除了敲去空头，不把蛋壳碰破。蛋黄蛋白吃光了，用清水把鸭蛋壳里面洗净，晚上捉了萤火虫来，装在蛋壳里，空头的地方糊一层薄罗。萤火虫在鸭蛋壳里一闪一闪地亮，好看极了！

> 小时读囊萤映雪故事，觉得东晋的车胤用练囊盛了几十只萤火虫，照了读书，还不如用鸭蛋壳来装萤火虫。不过用萤火虫照亮来读书，而且一夜读到天亮，这能行么？车胤读的是手写的卷子，字大，若是读现在的新五号字，大概是不行的。

书生囊萤成为美谈，但亦有以此邀名者：

> 书生以囊萤闻于里，里人高其义，晨诣之，谢他往。里人曰："何有囊萤读而晨他往者？"曰："无他，以捕萤往，晡且归矣。"今天下之所高，必其囊萤者。令书生白日下帷，孰诣之哉？

> （［明］张大复《梅花草堂笔谈》）

白天一早起床就去抓萤火虫，以备晚上看书之用，真是莫大的讽刺。这样的故事被陈继儒写入了诗中："书生痴

黠半，自诉萤窗苦。白昼尔何为，辛勤捉萤火。”（《咏萤》其十三）

抓萤火虫是很难的事，白天忙碌一天，也只能抓到一小囊，但豪奢如皇帝者自然不担心萤火虫的数量问题。隋炀帝就派了很多人去捉萤火虫：“隋炀帝聚萤火数斛，登山放之，光照林谷。诚赏心戏事，顾难为捕耳。”（《梅花草堂笔谈》）此种风雅，兴师动众、劳民伤财，也不是普通百姓所能享受的。张大复对此评点说：“然不闻群臣呼万岁，颂功德，其风朴略，一至于此。”放萤较之众臣呼万岁，更能彰显低调奢华之威权，想必张大复目睹时下皇帝下作的高调，以此来浇自己的块垒吧。

日本人对萤火虫情有独钟，这种文化就受到中国的影响。据说过去日本许多学校毕业时常会唱这样的歌曲，明显就是囊萤映雪的典故：

> 学生时代，我们曾发奋过。过去没有读书灯。夏季来临时，我们用笼子收集很多萤火虫，借着它们的光明我们夜间仍然可以读书。冬天，我们凭着从窗户外反射进来的雪光用功学习。光阴荏苒，如今我们即将从学校毕业。我们打开充满甜蜜的（过去那美好的）回忆之门，

各奔东西。（希望有朝一日还能再相聚。）

（〔美〕吉尔伯特·沃尔鲍尔《当昆虫遇见人类文明》，黄琪译文）

　　萤火虫具有实用的照明之用，并非夸张之说，在没有人工光源的古代，这是人类比较常见的做法。中国古代也会使用猪尿泡来贮萤火虫用于捕鱼："猪尿胞（泡）贮萤火，缀网中沉之水底，则鱼聚观，夜举网则鱼必多。"（〔明〕张岱《夜航船》）在中美洲、南美洲和印度，有种很大的萤火虫，有着很好的照明效果。陶秉珍先生的《昆虫漫话》中，就提到了一些有趣的例子：

　　它们在苍绿如滴的热带森林中成群飞舞，真像大雨之后流星满天。这种特别的萤，不单可以装点自然界，又是热带森林旅行者必不可缺的东西。在南美森林中旅行的人，不用什么灯笼和电筒，只须捉一只萤，缚在皮鞋头上便行了。他们靠了这萤火，可以同白天一样地赶路。一到天亮，便把这盏活灯笼挂在树枝上，送给这天夜里的旅行者。……

　　墨西哥海上，从前是海盗出没的处所。航海的人不敢点灯，竟用萤火代替。专重实用的英国人，总比别人会得利用些，他们把萤装在玻璃瓶里，塞好口子，沉到水里，再用网去捉群集光边的鱼类。日本夜里钓鱼的人，常把萤火装在浮子上，这样便可知道有没有鱼来吃饵。西班牙的妇人，喜欢把萤包以薄纱，插在头发上，和我们戴花一般。青年们更有把它装在衣服和马鞍上，作为一种饰物。这些都是连萤自己也想不到的利用法。

萤火虫是少数能发出自然光的生物，所以古代关于夜间发光物的观察与想象，也都多少会与萤火虫建立起关联。唐代段成式的《酉阳杂俎》中提到一种植物萤火芝，夜间发光，洵非常物："良常山有萤火芝，其叶似草，实大如豆，紫花，夜视有光。食一枚，心中一孔明，食至七，心七窍洞彻，可以夜书。"《太平御览》引《三五顺行经》也说："罗江大霍山洞台中有五色隐芝，华阳山亦有五种夜光芝。良常山有萤火芝，其实似草，其在地如萤状，大如豆，如紫华，夜视有光。得食之者心明，可夜书。计得食四十七枚者寿。"

这里虽然也提到其他地方有萤火芝，但多种资料都提到良常山。此山在江苏句容茅山北，茅山是道教名山，道教上清派的发源地。良常山的名字据说来自秦始皇，他出巡南方，至此地时叹曰："巡狩之乐，莫过于山海，自今已往，良为常也。"随从群臣赶紧拍马屁齐呼："良为常矣！"（［南朝梁］陶弘景《真诰·稽神枢》）看来良常山确非寻常之地。《酉阳杂俎》中还提到一种夜光芝，能在夜里发光："夜光芝，一株九实，实坠地如七寸镜，夜视如牛目。茅君种于句曲山。"句曲山即茅山。《抱朴子》里说得更是玄乎："夜光芝，出于名山之阴，大谷源泉中金石间，上有浮云翔其上，有五色，有目，如两日。"（《艺文类聚》引《抱朴子》佚文）

上面所说的茅君，指的是得道成仙的道士茅盈，他曾隐居在句曲山。《茅君内传》说，句曲山上有神芝五种，"第四曰夜光芝，其色青，实正白如李，夜视其实如月光，照洞一室，服一株，为太清仙官"（《太平御览》引）。看来他成仙的主要原因就是吃了夜光芝。《太平广记》中还记载了一种销明草："销明草，夜视如列星，昼则光自销灭也。"

萤火虫增加了黑夜叙事的丰富性，在所有关于黑夜与光明的描写与想象中，它都是不可或缺的主角。

诗境之中

萤火虫很美，像是专门为诗意而生的。杜牧的《秋夕》大概是关于萤火虫最美的古诗了：

银烛秋光冷画屏，轻罗小扇扑流萤。
天阶夜色凉如水，卧看牵牛织女星。

明青花仕女扑流萤图梅瓶
桂林博物馆 藏

"轻罗小扇扑流萤"是古诗中最美的意境，深受中华文化影响的东瀛日本也熟悉这样的美丽。日本作曲家团伊玖磨和儿子一起去看萤火虫：

儿子兴冲冲地跑到我前面，来到桥边，然后回过头说："可是，我没有蒲扇呀。"

"蒲扇？为什么？"

"我的书上有一幅画，画面上是萤火虫在飞，人们都拿着蒲扇招呼萤火虫。我回去拿蒲扇。"

"那好，我在这儿等你。"

（《烟斗随笔》，杨晶、李建华译文）

"轻罗小扇扑流萤"之意境，总会带给人美好的感觉，哪怕被骗时亦是如此。民国时期，某甲在金陵夫子庙前陈设一摊，摆着五色纸包，星罗棋布，不知何物，面前挂着牌子："出卖想想笑。"人们问他何为"想想笑"，答曰："是即想想笑也。此物于晚间灯下开视，便放金碧之光，照耀夺目，灼如隋珠，惟早放则不验。只需青蚨五文，即可携回，以博阖家一粲。"青蚨五文，算是很便宜，于是众人都各自买了一个回家。打开之后，"惟见萤火高飞，似以轻罗小扇扑来者"，乃恍然大悟为卖主所欺骗，继而思之，不觉哑然失笑。有此效果，似乎卖主也未欺顾客。（《点石斋画报·想想笑》）

萤火虫可以阐发的寓意也丰富、独特。较早出现萤火虫的文学作品是《诗经·豳风·东山》：

我徂东山，慆慆不归。

我来自东，零雨其濛。

《点石斋画报·想想笑》

果赢之实，亦施于宇。

伊威在室，蟏蛸在户。

町疃鹿场，熠耀宵行。

不可畏也，伊可怀也。

熠耀即萤火虫。诗人缘何独取果赢、伊威、蟏蛸、町睡、熠耀来描写呢？郑玄笺曰："此五物者，家无人则然，令人感思。"萤火虫出没之地，常为人少偏僻之处，故诗人们常用萤火虫来表达孤独荒凉之情绪，实在是极高明的写法。后来仿此意的作品很多，写得也美："天回北斗挂西楼，金屋无人萤火流。"（李白《长门怨》）"孤萤出荒池，落叶穿破屋。"（司空图《秋思》）

诗人常以微物入诗，并非随意为之，往往是匠心独运，

［日］冈元凤纂辑《毛诗品物图考》（1784）插图

妙思所集。杜甫有这样的诗句："步屟深林晚，开樽独酌迟。仰蜂粘落絮，行蚁上枯梨。"（《独酌》）"整履步青芜，荒庭日欲晡。芹泥随燕嘴，花蕊上蜂须。"（《徐步》）蜂粘落絮、蚁上枯梨、泥随燕嘴、蕊上蜂须，这些细微的观察恰与"独酌"和"徐步"的诗题形成对照。宋代的马永卿在《嬾真子录》中分析说："且独酌则无献酬也，徐步则非奔走也，以故蜂蚁之类微细之物皆能见之。若夫与客对谈，急趋而过，则何暇视详至于如是哉？"而杜诗的这种视角，他认为就来自《东山》一诗：

> 仆尝以此理问仆舅氏，舅氏曰："《东山》之诗盖尝言之：'伊威在室，蟏蛸在户。町畽鹿场，熠耀宵行。'此物寻常亦有之，但人独居闲时乃见之耳。杜诗之源出于此。"

所以他总结道："古人吟诗绝不草草，至于命题，各有深意。"

萤火虫虽有光亮，但仅为微芒，所以常用作自荐时的谦辞。曹植在《求自试表》中写道："冀以尘雾之微补益山海，萤烛末光增辉日月。"西晋刘颂《除淮南相在郡上疏》曰："愿以萤烛，增辉重光。"张骏《上疏请讨石虎李期》中亦

《萤火虫》
《我的画报》1934年第3卷第2期

说："铅刀有干将之志，萤烛希日月之光。"已有人指出："萤
火之光，是向帝王表达忠心的极佳比喻：一是将自身的卑微
地位与帝王的高高在上进行了准确的定位，充分烘托天子威
严；二是将自己的作用淡化于帝王的丰功伟绩之下，杜绝功高
盖主的隐患；三是表述追随日月之光的忠诚与祈盼，希望获得
帝王的信任和庇护。"（李璐《意象与嬗变：先唐昆虫文学研究》）

萤火虫亦有遭遇困顿矢志不渝，保持微光意图再起的意味。傅咸《萤火赋》有言："进不竞于天光兮，退在晦而能明。谅有似于贤臣兮，于疏外而尽诚。"潘岳《萤火赋》也说："至夫重阴之夕，风雨晦暝，万物眩惑，翩翩独征，奇姿燎朗，在阴益荣。犹贤哲之处时，时昏昧而道明；若兰香之在幽，越群臭而弥馨。"其实这种意思在泰戈尔的《萤火虫》中表现得更为充分：

> 小小流萤，在树林里，在黑沉沉的暮色里，
>
> 你多么欢乐地展开你的翅膀！
>
> 你在欢乐中倾注了你的心。
>
> 你不是太阳，你不是月亮，
>
> 难道你的乐趣就少了几分？
>
> 你完成了你的生存，
>
> 你点亮了你自己的灯；
>
> 你所有的都是你自己的，
>
> 你对谁也不负债蒙恩；
>
> 你仅仅服从了，
>
> 你内在的力量。
>
> 你冲破了黑暗的束缚，
>
> 你微小，然而你并不渺小，

因为宇宙间一切光芒，

都是你的亲人。（吴岩译文）

这样的诗，谁读了不感动？个体渺小无力，但亦有不可取代之光芒。

萤火虫常与清冷之意联系在一起，一是因为萤火虫在秋日常见，二来萤火虫所发之光为冷光，遂有"除烦解热"之寓意：

> 阵阵流萤，穿云暗度，便令小簟生凉，齐纨欲老。杜子美"忽惊屋里琴书冷"，真有味其言之也。一茎腐草，偏吐寒火向人，除烦解热，亦复掩星芒，骋残月，斯亦腐之至奇也，而世以所化微之。
>
> （［明］张大复《梅花草堂笔谈》）

日本人也和中国人一样，深深懂得萤火虫之美，并将其与樱花相提并论。付新华《萤火虫在中国》提到日本人的这种感受："萤火虫的光柔和，可以直接穿透身体，打动心灵。而且，萤火虫出现的时间很短，和樱花一样凄美。"

萤火虫之美能打动所有人。十卷本的《昆虫记》其实是法布尔的未竟之作，他在八十四岁高龄时完成了第十卷，接着为第十一卷写了两章，分别是《萤火虫》和《菜青虫》，

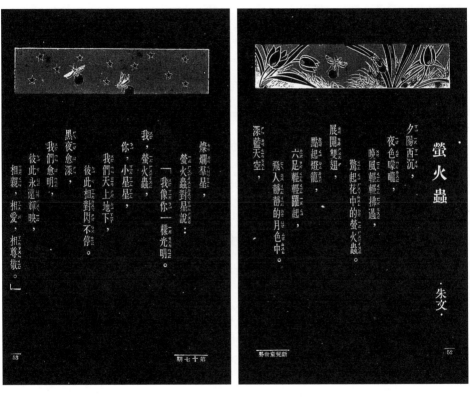

朱文《萤火虫》

《新儿童世界》1948 年第 17 期

这两章后来作为第十卷的附录出版。虽然较晚写作萤火虫，但法布尔的研究和观察伴随了一生。法布尔这位"昆虫界的荷马"关于萤火虫的文章开篇就诗意盎然：

> 在我们地区，很少有什么昆虫像萤火虫这样家喻户晓，人人皆知。这个奇特的小家伙为了表达生活的欢愉，在屁股上挂了一只小灯笼。夏天炎热的夜晚，有谁没有看见过它像从圆月上落下的一粒火星，在青草中漫游呢？即使没有见过的人，至少也听说过它的名字。古代希腊人把它叫作"朗皮里斯"，意思是"屁股上挂灯笼者"。（鲁京明译文）

怀特在塞耳彭的乡下，整日与鸟兽花木虫鱼为伴，生活也成了诗。在他的笔下，最有诗意的是在喧腾的黄昏逐渐安静下来的朦胧夜色中，萤火虫点亮了另一幅画面：

> 每一乡下的景色，声音，与气味，都纠葛在一起；
> 牧羊的铃声叮当，牛儿在低语；
> 新刈的干草，香气浮动于风中，
> 树林的农舍中，冒出了炊烟缕缕。
>
> 冷冽的夜露降地：——该走了，回家吧；
> 因为你看那萤火虫，已点燃了它的情火！

> 早在夜幕半遮住了天空，这情急的姑娘，
>
> 已将她的灯高挂在天上；
>
> 这爱的流星，引导着守信的里安德，
>
> 急急地奔去希露的睡床。
>
> （[英]吉尔伯特·怀特《塞耳彭自然史》，缪哲译文）

在古希腊神话中，阿佛洛狄忒的女祭司希露爱上了年轻小伙里安德，但他们隔着大海，每到晚上，希露就点亮一支火把，里安德看见后就游过那片海前去幽会。后来因风暴突至，里安德溺死洪流，希露也投海而亡。怀特以萤火虫作喻，为这个爱情神话生发出新的意境，化腐朽为神奇，堪称绝妙。

热爱乡间的梭罗也喜欢在夜色中散步，在他的笔下，白日的纷乱思绪，终于在此刻觉醒，人回归到了自身的静谧和谐状态，月色和萤火，也点亮了思想：

> 多数人在白天散步，个别人却选择夜晚，两者差别势同霄壤。拿七月夜晚的十点来说，此时人们已经入睡，白天的迹象一丝不存。皓月当空，牛群在空寂的牧场上吃草。天地间一派新奇。天上不见太阳，只有月亮和星辰，树上没有画眉，唯有夜鹰翻飞，看不到蝴蝶的

影子，但见萤火虫翅膀上点亮的火星儿——宛若凝露的身躯，熠熠闪耀的光辉，优游从容的镇静，三位一体，令人难以置信。(《夜色和月光：梭罗散文选》，仲泽译文)

在夜间，孤寂的人因萤火虫的存在而有了相伴的欣悦，陈继儒《咏萤》其七写道："夜静帘初卷，风微帐不开。似怜无睡客，特遣小星来。"

萤火虫之美，或在于听觉与视觉之间，现实与想象之间。幽暗的夜晚，没有灯光的辅助，视觉关闭，人就进入听觉的世界之中，"耳朵是夜的感官"([法]阿兰·科尔班《沉默史：从文艺复兴到现在》，胡陈尧译文)。人回到了听觉，也由此回到了内心，回到了精神和情感的世界。萤火虫在暗夜之中又开启了视觉，但荧光照耀下的视觉又不是白昼中的视觉，毋宁说是精神性的视觉、想象的视觉、审美化的视觉。

古人在观物之中观察自然与世态，"鸢飞戾天，鱼跃于渊"(《诗经·大雅·旱麓》)，鸢飞鱼跃，任性而动，自得其乐。物实则是人的精神之外化，于观物之中反观自我：

> 观物者，所以玩心于其物之意也。是故于草木观生，于鱼观自得，于云观闲，于山观静，于水观无息。
>
> ([明]叶子奇《草木子》)

普林尼说："大自然如此伟大，它把那些微小的、幽灵般的动物变成了不可比拟的动物。"（［古罗马］普林尼《自然史》，李铁匠译文）人类在万物之中，安顿着自己的精神、文化和审美，体验盎然之生意。同样喜欢花木虫鱼的周作人在评价小林一茶时说：

> 一茶将动物植物，此外的无生物，森罗万象，都当作自己的朋友。但又不是平常的所谓以风月为友，他是以万物为人间，一切都是亲友的意思。他以森罗万象为友，一切以人间待遇他们。他并不见有一毫假托。似乎实在是这样的信念。（《一茶的诗》）

都市之乡愁

现代人多生活在都市丛林之中，与古代最大的不同，便是没有那么多昆虫。叶圣陶先生的《没有秋虫的地方》写道：

> 若是在鄙野的乡间，这时候满耳朵是虫声了。白天与夜间一样地安闲；一切人物或动或静，都有自得之趣；嫩暖的阳光和轻淡的云影覆盖在场上。到夜呢，明耀的星月和轻微的凉风看守着整夜，在这境界这时间里

唯一足以感动心情的就是秋虫的合奏。它们高低宏细疾
徐作歇，仿佛经过乐师的精心训练，所以这样地无可批
评，踌躇满志。其实它们每一个都是神妙的乐师；众妙
毕集，各抒灵趣，哪有不成人间绝响的呢。

叶先生说的是秋虫的声音，从视觉来说，何尝不也是如
此？"若是在鄙野的乡间，这时候满眼都是萤火虫了。"城
市与乡野之区别之一，就在于昆虫之多少，城市少了昆虫，
显得干净清洁了一些，但也失去了许多生趣。昆虫曾是人类
最重要的邻居和伙伴，但现在却成了来历不明的"不速之
客"。昆虫的种类众多，在地球居住的历史远早于人类，昆
虫才是地球的原住民，人类更像是入侵者。

蕾切尔·卡森在《寂静的春天》中提到："地球上的生命
史，历来是生物与周围环境之间互动的历史。很大程度上，
地球上的植被和动物的形态与习性，都是由环境塑造而成
的。"尽管生物对环境亦有改造作用，但效果甚微，直到出
现了人类。尤其是20世纪以来，人类对环境的干预"不仅
提到令人不安的程度，而且发生了性质上的转变。在人类对
环境的所有侵袭中，最令人惊心的，是使用危险的甚至是致
命的物质，污染空气、土壤、河流和海洋"（熊姣译文）。卡
森虚构了一个美国的乡村小镇，因过度使用有毒化学物质，

包括杀虫剂、杀菌剂和除草剂等，造成了野生动物的大量灭绝。卡森通过此书反思生物与环境、人类的关系问题，她也因此成了"时代的先知、少有的杰出思想家"。这个小镇虽非现实中所有，但在美国及世界的各个地方，都存在这样的小镇。这是地球环境的普遍现状，也是人类的宿命。"人类已经丧失了预见和运筹的能力。他将以毁灭地球而告终。"这是史怀哲的话，卡森的这本书就是献给史怀哲的。如果说化学药剂的使用已经引起了人类广泛的注意，另一种"有益"的干预对自然界的影响却少有人关注，那就是夜晚中通亮的灯光，对包括萤火虫在内的许多昆虫的生存环境产生了极大危害。照明技术的发达，造成了极为严重的光污染，据说人类能用肉眼看到的星星，从原来的 3 000 颗减少到了 50 颗以下。(［德］彼得·渥雷本《大自然的社交网络》) 萤火虫因为光污染和水污染，数量也大幅减少。

人类曾与昆虫和谐共生，但越来越成为一种对立的存在。美国昆虫学家吉尔伯特·沃尔鲍尔说："大多数人很少意识到自己周遭存在着为数众多的昆虫。他们其实能注意到蚊子、家蝇、蟑螂和其他烦人的昆虫。如果不假思索地认为其他昆虫也是烦人的，甚至觉得它们恶心，会传染疾病，那么这种观念不仅不利于那些人自身，也有损于人类共同的生态

日本明治时代最后的浮世绘大师小
林清亲，被誉为"夜晚的大师"，萤
火虫是其画中的重要元素。

良知。"(《当昆虫遇见人类文明》，黄琪译文)尤其是城市发达之后，"有害的昆虫"是必须要被驱赶和消灭的，很多昆虫失去了存在的家园。其实在自然生态中，各个物种都有其位置和意义："大自然好比是一个巨大的机械钟表，自然中的一切事物都清清楚楚井然有序，并且相互关联，每一要素都具有各自的位置和功能。……之所以自然中的万物能很好地相互平衡，是因为每一个物种在生态系统里都有各自存在的意义和任务。"(《大自然的社交网络》，周海燕、吴志鹏译文)

萤火虫是人人喜爱的昆虫，既有浪漫、轻盈之内涵，又有孤寂、清冷之意味。萤火虫有着自然界中少见的自然光，其照明的实用功能又生发出了车胤囊萤的故事，在中国文化中成为勤学苦读的象征。随着环境和生态的恶化，萤火虫逐渐在现代人的生活视野中消失了。萤火虫是现代都市人的乡愁，是消逝的童年记忆，人们只能在博物馆和植物园见到萤火虫，依靠萤火虫来点亮他们所建构的乡野乌托邦。

（附记：在写作这些文字的时候，我曾经遇见萤火虫的那个公园因为道路扩建，已被拆去一半，现在无论如何是不可能再看到萤火虫了。有的只是那些成群的蚊子，在夜里放肆地哼哼。）

后 记

2022年春夏之交的上海，如同进入了漫长而又令人绝望的冬眠期。在经历了最初的焦虑和失望之后，我逐渐调整状态，开始了一段散漫而充实的阅读时光。在看书过程中，我陆续发现了一些新资料，恰好可补几篇旧文之缺失。在与黄飞立兄的沟通中，他建议我不妨把有关微虫的几篇文章汇集起来；随着文章越写越长，我也感觉这是个值得一试的计划。此前写作《古人的生活世界》，因预设的体例与篇幅所限，许多话题未能充分展开，留下了不少遗憾。书出版后我利用一些讲座的机会，对几个专题进行了扩展研究。从微观视角对古代审美文化史进行专精的考察，是我近几年一直在尝试的一种研究进路。本书就算是这种尝试的一个初步成果。

飞立兄以一贯精审博雅的专业水准编校本书，也代我承担了许多繁琐的工作。中华书局上海聚珍的贾雪飞老师及其精干高效的团队，保障了本书得以顺利出版。有关虱子与蚊了的文章，曾在《书城》发表，借此亦向郁喆隽兄表示感谢。上海因疫情封控期间，查阅文献不易，黄艺兰、李孟璇、何雨晴和陈娟等几位同学，代我核查了不少资料。内子凌霞和犬子呦呦的陪伴，让那段写作的日子不致过于苦闷。

王宏超

2023 年 3 月 28 日于沪上